Amazing Boys

向阳而生

了不起的男孩

100位优秀的男孩榜样

学习漫画研究社·童书馆 ◎ 编绘

吉林出版集团股份有限公司
全国百佳图书出版单位

图书在版编目（CIP）数据

了不起的男孩：100位优秀的男孩榜样 / 学习漫画研究社・童书馆编绘. -- 长春：吉林出版集团股份有限公司, 2025.5. -- (向阳而生). -- ISBN 978-7-5731-6643-2

Ⅰ. B848.4-49

中国国家版本馆CIP数据核字第2025987PY8号

XIANGYANG ER SHENG LIAOBUQI DE NANHAI:100 WEI YOUXIU DE NANHAI BANGYANG

向阳而生 了不起的男孩：100位优秀的男孩榜样

编　　绘	学习漫画研究社・童书馆	
责任编辑	杨　爽	
装帧设计	刘美丽	

出　　版	吉林出版集团股份有限公司	
发　　行	吉林出版集团社科图书有限公司	
地　　址	吉林省长春市南关区福祉大路5788号　邮编：130118	
印　　刷	北京飞达印刷有限责任公司	
电　　话	0431-81629711（总编办）	
抖 音 号	吉林出版集团社科图书有限公司 37009026326	

开　　本	720 mm×1000 mm　1 / 16	
印　　张	13	
字　　数	150 千字	
插　　图	100 幅	
版　　次	2025 年 5 月第 1 版	
印　　次	2025 年 5 月第 1 次印刷	

书　　号	ISBN 978-7-5731-6643-2	
定　　价	88.00 元	

如有印装质量问题，请与市场营销中心联系调换。0431-81629729

目　录
Contents

孔子　儒家学派创始人、思想家、教育家 / 2

柏拉图　古希腊哲学家 / 4

亚历山大大帝　马其顿王国国王、军事家、政治家 / 6

欧几里得　古希腊数学家 / 8

阿基米德　古希腊数学家 / 10

秦始皇　中国第一个称皇帝的君主 / 12

霍去病　西汉名将 / 14

荷马　古希腊诗人 / 16

曹操　三国时期政治家、军事家、诗人 / 18

祖冲之　南北朝时期科学家 / 20

李白　唐代诗人 / 22

毕昇　宋代发明家 / 24

沈括　北宋科学家、政治家 / 26

朱熹　南宋理学家、教育家 / 28

马可·波罗　意大利旅行家 / 30

但丁·阿利吉耶里　意大利文艺复兴时期诗人 / 32

郑和　明代航海家 / 34

克里斯托弗·哥伦布　意大利航海家 / 36

尼古拉·哥白尼　波兰天文学家 / 38

米开朗琪罗·博纳罗蒂　意大利文艺复兴时期雕塑家 / 40

李时珍　明代医药学家 / 42

莎士比亚　英国剧作家 / 44

威廉·哈维　英国生理学家、医师 / 46

扬·阿姆斯·夸美纽斯　捷克教育家 / 48

奥利弗·克伦威尔　英国政治家、军事家 / 50

安东尼·范·列文虎克　荷兰生物学家 / 52

艾萨克·牛顿　英国物理学家、数学家、天文学家 / 54

松尾芭蕉　日本诗人 / 56

阿尔坎格罗·科莱里　意大利作曲家、小提琴家 / 58

伏尔泰　法国启蒙思想家、作家 / 60

亚当·斯密　英国经济学家 / 62

詹姆斯·瓦特　英国发明家 / 64

安托万－洛朗·德·拉瓦锡　法国化学家 / 66

爱德华·詹纳　英国科学家、免疫学之父 / 68

葛饰北斋　日本江户时代浮世绘画家 / 70

拿破仑·波拿巴　法兰西第一帝国皇帝 / 72

路德维希·凡·贝多芬　德意志作曲家、钢琴家 / 74

西蒙·玻利瓦尔　南美独立战争领袖 / 76

汉斯·克里斯蒂安·安徒生　丹麦作家 / 78

查理·罗伯特·达尔文　英国博物学家 / 80

理雅各　英国汉学家 / 82

卡尔·马克思　马克思主义创始人 / 84

威廉·莫顿　美国医生 / 86

陀思妥耶夫斯基　俄国作家 / 88

路易斯·巴斯德　法国微生物学家、化学家 / 90

格雷戈尔·孟德尔　奥地利遗传学家 / 92

阿尔弗雷德·诺贝尔　瑞典化学家、诺贝尔奖创始人 / 94

安德鲁·卡耐基　美国钢铁大亨、慈善家 / 96

奥利弗·温德尔·霍姆斯　美国法官 / 98

弗里德里希·尼采　德国哲学家 / 100

亚历山大·格雷厄姆·贝尔　美国发明家 / 102

文森特·凡·高　荷兰画家 / 104

尼古拉·特斯拉　塞尔维亚裔美国发明家、物理学家 / 106

亨利·福特　福特汽车公司创始人 / 108

莱特兄弟　美国飞机发明家 / 110

弗兰克·劳埃德·赖特　美国建筑师 / 112

马克西姆·高尔基　苏联作家 / 114

莫汉达斯·卡拉姆昌德·甘地　印度民族运动领袖 / 116

伽利尔摩·马可尼　意大利工程师 / 118

阿尔伯特·爱因斯坦　物理学家 / 120

阿尔弗雷德·洛塔尔·魏格纳　德国气象学家、地球物理学家 / 122

鲁迅　中国文学家、思想家、现代文学的奠基人之一 / 124

巴勃罗·毕加索　西班牙画家、雕塑家 / 126

亚历山大·弗莱明　英国细菌学家、青霉素的发现者 / 128

约翰·梅纳德·凯恩斯　英国经济学家、宏观经济学之父 / 130

纪伯伦　黎巴嫩诗人 / 132

查理·卓别林　英国喜剧演员 / 134

白求恩　国际主义战士、加拿大医师 / 136

约翰·罗纳德·瑞尔·托尔金　英国语文学家、作家 / 138

徐悲鸿　中国画家、美术教育家 / 140

恩利克·费米　美籍意大利物理学家、原子能之父 / 142

维尔纳·海森堡　德国物理学家、量子力学主要创始人 / 144

约翰·冯·诺依曼　现代计算机之父 / 146

钱学森　中国航天事业奠基人、"两弹一星"元勋 / 148

艾伦·麦席森·图灵　英国数学家、逻辑学家 / 150

吉米·哈利　苏格兰兽医、作家 / 152

埃德蒙·希拉里　新西兰登山运动员 / 154

伊塔洛·卡尔维诺　意大利小说家 / 156

保罗·博古斯　法国厨师 / 158

乔·吉拉德　美国推销员 / 160

切·格瓦拉　古巴革命领导人 / 162

贾森·爱泼斯坦　美国出版人 / 164

手冢治虫　日本漫画家 / 166

马丁·路德·金　美国黑人民权运动领袖 / 168

袁隆平　杂交水稻之父 / 170

尼尔·奥尔登·阿姆斯特朗　美国航天员、地球上第一个踏上月球的人 / 172

沃伦·巴菲特　美国投资家 / 174

稻盛和夫　日本著名实业家 / 176

尤里·阿列克谢耶维奇·加加林　苏联航天员、世界第一个进入太空的人 / 178

李小龙　中国香港电影演员 / 180

约翰·列侬　英国摇滚音乐家 / 182

詹姆斯·卡梅隆　美国电影导演 / 184

史蒂夫·乔布斯　美国苹果公司联合创办人 / 186

迈克尔·约瑟夫·杰克逊　美国摇滚音乐家 / 188

克里斯托弗·诺兰　英国电影导演 / 190

科比·布莱恩特　美国篮球运动员 / 192

尼克·胡哲　澳大利亚残疾人演说家 / 194

亚历克斯·霍诺尔德　美国攀岩者 / 196

尤塞恩·博尔特　牙买加田径运动员 / 198

利昂内尔·梅西　阿根廷职业足球运动员 / 200

100 位
跨越时空的传奇人物
100 个震撼心灵的
成长故事

给孩子的
人生成长
启示录

————

就此开启

……

孔子

儒家学派创始人、思想家、教育家

春秋时期，鲁国迎来了一个新任大司寇。这个职位掌管刑狱，专门负责各类案件的审判。这个大司寇上任后，仅三个月，就将鲁国上下治理得井井有条，实现了"夜不闭户，路不拾遗"的良好社会秩序。这个大司寇就是我国儒家学派创始人——孔子。

现代人对古代文人常有"手无缚鸡之力"的刻板印象，认为他们都是文弱之辈。但实际上，孔子不仅是思想家、教育家，而且身体素质相当出色。

孔子身材高大，很有力气，据说他可以举起沉重的城门门闩。他精通武艺，擅长剑法，箭术精湛，还可以单手驾驭四匹马拉的马车。

孔子创立的儒家学说，蕴含着丰富的人生智慧。相传，有一次，孔子在路上遇到了一伙强盗，由于孔子身无分文，强盗让他保证不透露其行踪，便放了他。然而，孔子到了宋国后，马上将强盗的行踪告诉宋国士兵，并建议他们前去剿灭强盗。

孔子的弟子非常困惑，问道："老师，您说过'言必信，行必果'，不是教我们要言而有信吗？如今出卖了强盗，不就是出尔反尔吗？"孔子笑着说："你这个问题问得很好。但是，你要记住，跟强盗不用讲信用。"

孔子推行以"仁"为核心的道德学说，倡导治国要"为政以德"，即运用道德和礼教来治理国家。

孔子作为我国古代伟大的思想家、教育家、政治家，晚年修订了《六经》。他的弟子及其再传弟子将他的言行记录下来，编成了《论语》。他所创立的儒家学派，对我国以及世界都产生了极为深远的影响。

小知识：《六经》，是《诗》《书》《礼》《易》《乐》《春秋》的合称。这些著作是先秦时期的古籍，其中《乐》已经失传。

知者乐水，仁者乐山；知者
动，仁者静；知者乐，仁者寿。
——孔子

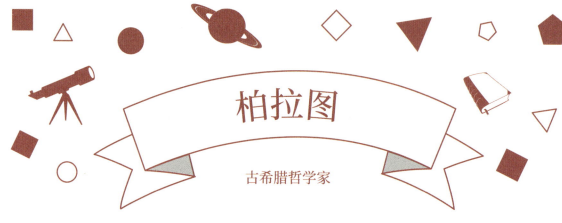

柏拉图

古希腊哲学家

古希腊文明是西方文明的三大源头之一，其思想精华在柏拉图、他的恩师苏格拉底以及他的学生亚里士多德三位哲人身上得到了集中体现，他们被后世誉为"希腊三贤"。

柏拉图出生于雅典贵族家庭，他本想继承家庭传统从政，但雅典的政治体制导致雅典在对斯巴达的战争中连连失利，这令他中断了从政的道路。同时，他崇拜的苏格拉底由于传播哲学思想、批评社会腐败现象而被判处死刑，因此他对雅典的政治体制完全失望，开始周游西西里岛、埃及等地以寻求真理。

柏拉图在 40 岁左右时结束旅行，返回雅典，创立柏拉图学院，这所学院成为西方文明最早的有完善组织的高等学府之一。在学院中，柏拉图教授哲学、算术、几何、天文学等诸多学科，传播理性思想。

柏拉图是西方教育史上第一个提出完整学前教育思想并建立完备教育体系的人。在教学方法上，柏拉图传承了苏格拉底的问答法，他反对通过强制性手段灌输知识，提倡采用问答形式，以提出问题、揭露矛盾、分析归纳的形式，循序渐进地引导学生一步步得出结论。为此，他将自己的思想和观点以对话的形式进行记录、整理，写成了《对话录》。

在哲学方面，柏拉图是西方客观唯心主义的创始人，他主张世界由"理念世界"和"现象世界"组成，并认为现象世界是理念世界的影子和投射。

为了表达自己的政治主张，柏拉图写出了《理想国》，向世人描绘了一幅乌托邦的理想蓝图。柏拉图的思想还对西方的数学、天文学等领域有着重大影响。

小知识：《理想国》是古希腊哲学家柏拉图所著的哲学对话体著作。书中以苏格拉底与众人对正义的探讨为切入点，构建了一个由哲学家统治的理想城邦模型，其中统治者、护卫者和生产者各司其职。这本书表现出了一种浪漫的理想主义的色彩，是近代"乌托邦"思想的源头，它对正义、政治以及教育的深入探讨，对西方哲学、政治与教育思想的发展产生了深远的影响。

思想永远是宇宙的统治者。

——柏拉图

亚历山大大帝

马其顿王国国王、军事家、政治家

公元前338年，由于马其顿国王腓力二世在攻占拜占庭的战役中受挫，希腊城邦中出现了大量反对马其顿的叛乱。由此，著名的喀罗尼亚战役爆发了。

千钧一发之际，马其顿年仅18岁的王子亚历山大突入雅典和底比斯联军的内部，从背后发起攻击，一举全歼底比斯圣队，为马其顿赢得了关键性的胜利。

胜利过后，腓力二世迎娶了新王后，亚历山大的王位继承权遭到了新王后父亲的挑衅。亚历山大在宴会上朝新王后父亲扔了酒杯，腓力二世本想站在椅子上向儿子挥剑警告，不料由于喝了太多酒，在椅子上没站稳摔倒了。亚历山大嘲弄父亲说："你们看！一位准备从欧洲横扫小亚细亚的国王，却连一把椅子都跳不过去。"

为此，亚历山大被父亲驱逐。不过，腓力二世很快又将他召回了。

公元前336年，在自己女儿的婚礼上，腓力二世遭到刺杀，不幸身亡。亚历山大以父亲的死为契机，宣称波斯与刺杀事件有关，并以此为借口，攻打波斯，开始了征服世界的历程。

公元前335年，亚历山大统一了希腊全境，随后大破波斯帝国，横扫小亚细亚、中东及伊朗高原，后又兵不血刃地占领埃及全境，并在公元前330年吞并波斯帝国，继而南征攻占印度。

亚历山大在13年内征服了500万平方千米的领土，使马其顿成为当时世界上领土面积最大的国家。伴随着军事征服，亚历山大还传播了古希腊文明，开启了希腊化时代。

小知识：1991年，马其顿宣布独立，改国名为"马其顿共和国"。2019年，该国正式更名为北马其顿共和国。

我不害怕由一只绵羊所带领的一群狮子，
但我害怕由一只狮子所带领的一群绵羊。
——亚历山大大帝

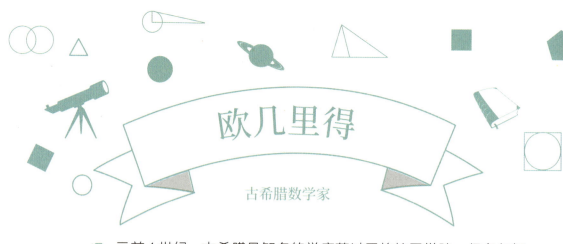

欧几里得

古希腊数学家

公元前 4 世纪，古希腊最知名的学府莫过于柏拉图学院。很多年轻的学生都向往去那里深造，可是学院门口常年竖着一块木牌，上面写着："不懂数学者免进！"

面对这样严苛的规定，许多学子只能默默转身离开，唯有十几岁的欧几里得毫不犹豫地推开学院大门，径直走了进去。

其实，欧几里得早就下定决心要研究几何。他在柏拉图学院学成后，去往当时古希腊最繁华的城市亚历山大城。在这里，他搜集过去的数学知识，整理最新的研究成果，写出了著名的《几何原本》。

就连当时的国王都成了他的粉丝，私下里问他："学习几何有没有什么捷径可以走？"

对此，欧几里得语重心长地告诉国王，任何学习都要一步一个脚印。

《几何原本》有多厉害呢？两千多年过去了，直到今天，它仍是欧洲各国学校数学课程的必修课。它最厉害的地方在于用到了公理化方法。简单来说，公理化方法就是先对点、线、面、角、圆等做 23 个最基本的定义，接着设立 5 条公设。从这些定义和公设出发，通过推理渐渐构建起了一座雄伟的几何学大厦，演绎出诸多结论。随着推出的结论越来越多，逐渐形成了一个全新的研究领域——欧几里得几何学。欧几里得因其成就被称为"几何之父"。

到了 19 世纪，人们发现欧几里得几何中的一些定义和公设在某些情况下未必是绝对真理，因此，诞生了"非欧几何"。毕竟，探寻知识的道路就是这样在曲折中前进的。

小知识：柏拉图学院，是柏拉图约于公元前 387 年在雅典创办的学校，是世界历史上第一所系统地传授知识和追求纯粹学术的学术机构。其讲授课程包括哲学、数学、物理学等。

在几何里，没有专为国王铺设的大道。
——欧几里得

阿基米德

古希腊数学家

相传在古希腊时期，叙拉古赫农王让工匠替他做一顶纯金的王冠。王冠做好后，他怀疑工匠在金子中掺了假，私吞了部分黄金。可是，在不破坏金冠的前提下，如何确定这顶金冠是否为纯金的呢？

于是，当时最负盛名的数学家阿基米德被请来检验金冠。

起初，阿基米德束手无策。直到有一天，他在家洗澡的时候，发现自己一坐进洗澡盆里，水就会往外溢。他由此受到启发，想到用排水量来检测固体的体积。

于是，他将金冠和同等重量的纯金分别放入盛满水的两个盆里，比较从两个盆中溢出来的水，发现放金冠的盆里溢出来的水比另一个盆多，这就说明金冠的体积更大，另一个里面掺杂了其他金属。阿基米德也在此过程中发现了浮力原理，后经过系统研究形成了"浮力定律"。

阿基米德出生于古希腊文明由盛转衰、罗马帝国扩张的新旧势力交替时代，他在当时的经济文化中心亚历山大城跟随欧几里得的学生埃拉托塞尼和卡农学习数学，并融汇东方和古希腊的优秀文化。他继承了欧几里得的穷竭法，推演出圆周率的近似值，提出了特大数字的记数方案，奠定了无限概念的基础，还发现了浮力定律和杠杆原理。他甚至在"地心说"盛行的西方世界，提出了关于天体运行的先进思考。

当时的叙拉古是兵家必争之地，当罗马帝国的大军兵临城下之时，阿基米德用机械技术来帮助叙拉古防御敌人，城破时被害身亡。

小知识：叙拉古是西西里岛东南岸的古城，也是古希腊殖民城邦。公元前212年被罗马攻占，今属意大利。

给我一个支点，我就能撬起整个地球。

——阿基米德

秦始皇

中国第一个称皇帝的君主

他被称为千古一帝；他废除了自商周朝以来实行了几百年的分封制，推行了郡县制；他灭六国，推行"书同文，车同轨"，统一货币和度量衡，建立起一个中央集权的统一的多民族国家；他北击匈奴，南征百越，修筑长城，开凿灵渠，沟通长江和珠江水系；他自认为"德兼三皇，功高五帝"，所以采用了三皇之"皇"、五帝之"帝"，构成了"皇帝"的称号。他就是历史上第一个使用皇帝称号的君主。

秦始皇的一生仅有 49 年，他继承秦国历代君主励精图治的功绩，在 13 岁时登上王位，至 21 岁正式亲政，从此拉开了中华大地轰轰烈烈的统一之战的序幕。

秦始皇亲政后，先平定了长信侯嫪毐的叛乱，又除掉了权臣吕不韦，重用李斯、王翦等人，历时 10 年，先后灭韩、魏、楚、燕、赵、齐六国，完成了统一大业，开创帝制。

为了进一步统一思想，秦始皇还坑杀了 400 多名术士和儒生，焚烧了许多书籍，清除了社会上的歪理邪说。

秦始皇希望自己开创的统一王朝能够传承下去。然而，到了统治后期，秦始皇感到自己的身体越来越虚弱，便开始追求长生不老之术，到处求仙问药。秦始皇驾崩后，秦二世胡亥继位，但仅 3 年时间，刘邦带领起义军攻下武关，胡亥自杀。

虽然秦王朝仅存续了 15 年便灭亡了，但是秦始皇开辟的大一统理念深入中华民族的血脉中，一直传承至今。

小知识：周朝末期，周王室已经名存实亡，诸侯国之间相互攻伐，战争不断。

朕为始皇帝，后世以计数，
二世三世至于万世，传之无穷。
　　　　　　——秦始皇

霍去病

西汉名将

相传，西汉时期，有一天，汉武帝刘彻生病了，整个皇宫因此变得异常安静，没有人敢打扰皇帝休养。突然，一阵嘹亮的婴儿哭声打破了这份沉闷的寂静，这声音让汉武帝惊出一身冷汗，但出乎意料的是，他反倒觉得身体轻松不少，病去了一大半。于是，他给这名婴儿赐名霍去病。

霍去病的母亲与汉武帝的皇后卫子夫是亲姐妹，所以霍去病从小在皇宫长大，擅长骑射。汉武帝非常喜欢他，有意亲自教授他古人的兵法。霍去病却说："打仗要靠谋略，不必学习古代兵法。"

霍去病18岁那年，随舅舅卫青出兵匈奴。卫青拨给他800骑兵，本意是让他练练手。谁料，霍去病竟带这些人深入大漠，奋勇拼杀，最终斩首匈奴2000多人，其中包括多名匈奴将领。霍去病勇冠全军，因此被汉武帝封为冠军侯。

20岁时，霍去病率领1万骑兵，从乌鞘岭出发，一路向西，6天内转战千余里，扫荡匈奴5个部落，令河西许多小王国纷纷臣服。接着，他越过焉支山，快速跨越500余里，斩杀了匈奴的几位部落王，歼敌万余人，霍去病依靠自己独创的战术大获全胜，令华夏政权第一次控制河西走廊，这一地区从此成了丝绸之路上的重要通道，为东西方文化的交流与融合奠定了基础。

22岁时，霍去病再次出兵，横跨大漠，以不到1万人的战损，斩获匈奴7万余人，令匈奴远遁，从此漠南再无王庭。西域诸国纷纷臣服于大汉。霍去病封狼居胥，登临瀚海。

可惜的是，大汉一代战神，24岁就因病去世。霍去病用他短暂的一生，成就了大汉王朝的辉煌。

> 小知识："封狼居胥"指的是霍去病打败匈奴后，登上狼居胥山筑坛祭天以告胜利的事迹，后用来比喻建立显赫功勋。

匈奴未灭，无以家为也。

——霍去病

荷马

古希腊诗人

荷马诞生于公元前 9 世纪到公元前 8 世纪之间，是一位盲人诗人。他在西方学术界始终存有争议，关于他的出生地就被考证出十几处之多。比较流行的说法认为，荷马是古希腊的一个盲人乐师，他通过到处表演，搜集了大量古代民间诗歌的素材，并重新加工整理，使其形成一个完整的艺术结构。

荷马的主要作品有《荷马史诗》，这部史诗分为《伊利亚特》和《奥德赛》两部分。《伊利亚特》讲述了在特洛伊战争中，英雄阿喀琉斯和希腊军统帅阿伽门农与特洛伊作战的故事；《奥德赛》则讲述了特洛伊沦陷后，奥德修斯历经重重磨难，返回伊萨卡岛与妻子团聚的故事。

这部史诗开创了西方文学史的先河，是古希腊从氏族社会过渡到奴隶制时期的一部社会史和风俗史。史诗体现了古希腊早期对人的尊严、价值和力量的肯定。由于《荷马史诗》内容丰富，运用的艺术技巧也多种多样，因此被许多古希腊诗人借鉴和模仿，被誉为是文学楷模。

史诗中那些充满神话色彩的英雄，无论是力拔山河的勇士，还是足智多谋的智者，都是古希腊人民的精神化身。他们身上的勇敢、坚韧与智慧，正是古希腊人精神风貌的真实写照。荷马歌颂这些英雄，实则是赞美每一位拥有无畏精神的古希腊人，致敬他们直面生活挑战的勇气。历经千年岁月，《荷马史诗》的光芒从未黯淡，它既是研究古希腊文明的珍贵史料，更是全人类共同的精神瑰宝，持续启迪着后世读者的心灵。

小知识：特洛伊战争是以阿伽门农、墨涅拉俄斯为首的希腊联军，为争夺地中海沿岸最富有的地区，借口抢夺当时世上最漂亮的女人海伦，向特洛伊城发起的十年攻城战。

追逐影子的人，自己就是影子。
——荷马

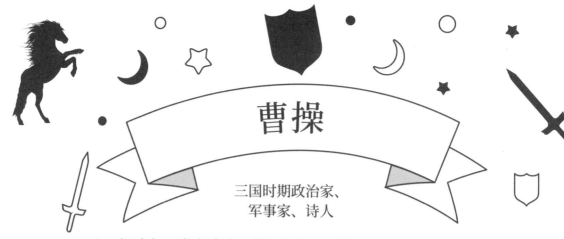

曹操

三国时期政治家、
军事家、诗人

东汉末年，宦官乱政，横征暴敛，百姓走投无路，因此爆发了黄巾起义。董卓进京后，更是专擅朝政，废少帝，立献帝，国家陷入内忧外患的困境。然而，当时没有一个人敢站出来平息混乱局面。

这时候，枭雄曹操出现在了世人面前。他立足兖州，励精图治，将原本饿殍遍地的兖州治理得井井有条，并建立起自己的主力军"青州兵"。随后，曹操胁迫当时的皇帝汉献帝迁都到自己的大本营许县，开启了"挟天子以令诸侯"的权臣生涯。

随着曹操对北方的控制越来越强，他跟袁绍在官渡展开大战，以2万人马战胜了袁绍的10万大军，创造了中国军事史上以少胜多的奇迹。

随后，他杀袁术、擒吕布、平西凉、战孙刘、征乌桓，坐拥百万大军，被封为"魏王"，将东汉政权牢牢把持在手中。

曹操爱才，更擅长任用有才之人。他在北方推行屯田制，兴修水利，使其统治地区的社会经济得到了一定的恢复和发展。

曹操除了是杰出的政治家、军事家，也是"建安文学"的重要代表人物与推动者。他的诗歌以抒发政治抱负为主，反映了东汉末年人民的苦难生活，气魄雄伟，慷慨悲凉。现存乐府诗20余首，他的作品对当时的文学发展起到了推动作用，使文学道路更为开阔。

对于曹操这个人物，后世评价褒贬不一，但他无疑是东汉末年极具影响力的英雄人物，他的形象更是在中国历史中流传千年。

小知识：建安文学，又称建安风骨，代表人物是"三曹"和"七子"，并且以"三曹"为核心。"三曹"指曹操和他的两个儿子曹丕、曹植。

老骥伏枥，志在千里。
——曹操

祖冲之

南北朝时期科学家

你知道吗？月球上有座环形山叫"祖冲之山"，我国的量子计算机被称为"祖冲之号"，宇宙中有颗小行星被命名为"祖冲之小行星"。那么，祖冲之到底是谁呢？

公元429年，祖冲之出生于一个官宦之家，家中三代人都对天文和数学颇有研究。受家庭影响，祖冲之很早就接触到许多天文地理方面的书籍，成为远近闻名的博学之人，年纪轻轻就被皇帝赏识，在全国最高学术机构总明观任职。

在总明观，祖冲之接触了大量国家藏书，一头扎进了知识的海洋，这也让他厚积薄发，在多个领域取得显著成就。

在数学领域，大家印象最深的就是祖冲之将圆周率算到了小数点后7位。这在当时有多了不起呢？要知道，被西方誉为数学天才的阿基米德，也只算到了3.14，也就是小数点后两位。祖冲之算出的圆周率纪录直到15世纪初，才被阿拉伯数学家卡西打破。

祖冲之的数学著作《缀术》，在唐朝时期被当作数学教材，书中内容难度极高，当时智力顶尖的国子监学生需勤奋学习4年才能掌握。可惜的是，这本书到了宋朝就失传了。

在天文学领域，祖冲之完成了《大明历》的制定。这部历法精度非常高，祖冲之曾用它推算了公元436年到459年之间的4次月食，其推算结果全部与实际情况相符。

小知识：圆周率指一个圆的圆周与其直径之比，一般用希腊字母 π 来表示。

愿闻显据，以核理实。浮辞虚贬，窃非所惧。

——祖冲之

李白

唐代诗人

唐朝时期，有个小孩儿，从小就聪明伶俐，可是他怕辛苦，不肯好好读书。有一天，他又逃课跑出去玩，看到一个满头白发的老婆婆坐在河边，卖力地磨着一根铁杵。他很好奇，问老婆婆在干什么。老婆婆说："我要把这根铁杵磨成绣花针。"

小孩儿觉得不可思议，老婆婆又说："滴水可以穿石，愚公可以移山，只要我下的功夫比别人深，铁杵就能磨成针。"

听了老婆婆的话，小孩儿回去后，再也没有逃过课。

这个小孩儿，就是我国盛唐时期著名的诗人李白。

李白非常有才华，他5岁诵六甲，10岁观百家，15岁时便已有多首诗赋作品。但由于他的父亲是个商人，按照当时的规定，李白不能参加科举考试。他想要入朝为官，唯一的途径就是通过达官贵人的推荐。

正因如此，李白走入仕途十分艰难，后来他开始求仙问道。25岁那年，他辞亲远游，足迹遍及大半个中国，东涉溟海，南穷苍梧，登上了80多座名山，更是写下了《望庐山瀑布》《望天门山》《黄鹤楼送孟浩然之广陵》《赠汪伦》等一大批脍炙人口、流传千古的诗作。

直到40多岁时，李白才因为出色的才华被唐玄宗召进宫去。但李白很快发现，御用文人的生活跟他立志报国的理想相去甚远，于是没多久他便离开长安，发出了"行路难"的感叹。

在"安史之乱"中，李白因投靠永王，被流放夜郎，中途遇到大赦。公元762年，李白病逝于当涂县（今安徽马鞍山）。

小知识："安史之乱"是唐朝由盛而衰的转折点。唐玄宗末年，唐朝将领安禄山与史思明等藩镇节度使叛乱，发动内战，致使人口大量丧失，国力锐减。

天生我材必有用，千金散尽还复来。

——李白

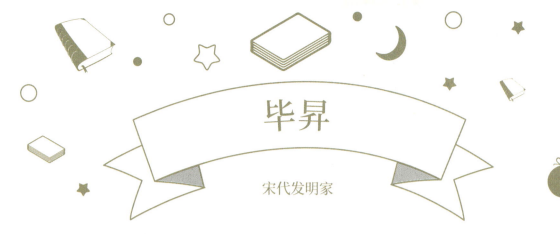

毕昇

宋代发明家

在宋朝之前，如果想印一本书，就得先找一块板子，将文字一个个刻到板子上，再在刻好字的板子上刷墨，从而印刷书籍。这是当时速度最快、质量最好的印刷技术——雕版印刷术。

可是，有一个印刷的工匠发现，雕版印刷存在极大的缺点——每印一本书都要重新雕一次版，这不仅需要花费很多时间去制版，还增加了印刷成本。

这个工匠看着板子上的一个个方块汉字，不由想道：这些文字能不能随意排列组合呢？这样的话，只需要制作一套单独的文字，就可以排出任何一部书籍。哪怕临时有缺字，只需要做一个或者几个单独的字，就能补上缺字了。

产生这个"奇思妙想"的工匠就是毕昇。

光有想法没用，必须亲自动手，把想象变成现实。于是，毕昇开始了"活字印刷"的实验。

"活字印刷"的想法很简单，真正实施起来却非常困难。最难的是寻找制作"活字"的材料，活字需要随时移动，这就要求制作活字的材料既轻便又可以反复使用。

毕昇首先选用了胶泥。胶泥经过火烤后会变硬，既轻便又耐用。接着，毕昇又尝试了木制的活字，他发现木活字纹理疏密不均，刻制困难，沾水后容易变形。于是，毕昇放弃了木活字，最终确定采用胶泥活字。

活字印刷术作为中国古代四大发明之一，在 15 世纪传入欧洲，极大地促进了欧洲的文艺复兴，为推动世界文明发展作出了重大贡献。

小知识：毕昇的胶泥活字最先传入朝鲜，被称为"陶活字"。1456 年，德国的戈登堡采用活字印刷术印刷了《戈登堡圣经》，这是欧洲第一部活字印刷品，比中国的活字印刷品晚了 400 年。

庆历中，有布衣毕昇，又为活版。其法：用胶泥刻字，薄如钱唇，每字为一印，火烧令坚。

——沈括《梦溪笔谈》

沈括

北宋科学家、政治家

公元 1072 年，连接南北航运的重要纽带汴河，因长期淤积泥沙影响了漕运效率，威胁到开封的安全，朝廷派遣沈括前往汴河治理。

为了彻底消除汴河的隐患，沈括亲自踏勘了汴河下游从开封到泗州淮河岸的 840 里河段，仔细测量了地形地势。他运用"分层筑堰法"精确测得了从河南开封上善门至泗州淮口的直线距离 840 里之内，水平高差为 63.3 米。这一成就使沈括成为存世古代文献中最早记录水平高程测量方法、过程和结果的科学家。

在此之前，沈括还参与了芜湖万春圩的修筑工程，写出《圩田五说》《万春圩图记》等关于圩田方面的著作。

沈括在 24 岁那年首次参与水利工程，主持了沭水工程的治理。他不仅成功消除了当地人民面临的水患威胁，还开垦出了 7000 顷肥沃农田，改变了沭阳的地理风貌。

沈括自幼好学，对大自然表现出强烈的兴趣和敏锐的观察力。他在中国数学史上首创了隙积术、会圆术，记录了人工磁化的方法，对小孔成像、凹面镜成像等原理做了准确而生动的描述，他还记录下了声音的共鸣现象，是世界上第一个给石油命名的科学家，他在数学、物理、化学、天文、地理、军事等多个领域都有不俗的建树。

晚年的沈括将自己的科学研究成果汇编成《梦溪笔谈》，这部著作被后世评为"中国科学史上的里程碑"。

小知识：《梦溪笔谈》是一部百科全书式的著作，内容涉及天文、数学、物理、化学、生物等各个门类学科，也是沈括隐居梦溪园后所写的著作。

日月之形如丸。何以知之？以月盈亏可验也。

——沈括

朱熹

南宋理学家、教育家

公元 1134 年，年仅 4 岁的朱熹便展现出非凡的天赋与强烈的求知欲。这天，他的父亲指着天上的太阳说道："你看，那是太阳。"朱熹若有所思地问道："太阳附着在何物之上呢？"父亲回答："太阳悬于天穹之上。"朱熹又问："那苍天又附着在什么东西之上呢？"这一连串的发问让父亲既惊讶又欣喜。

自幼聪慧的朱熹对知识的渴求如同春日新苗般生机勃勃，他如痴如醉地攻读儒家经典著作。他曾回忆道："我 10 岁的时候读《孟子》，一想到圣人和我们一样皆出自平凡，我的心中便充满喜悦。"

朱熹一生都在按照圣人的标准要求自己。公元 1167 年秋天，福建崇安发生水患，朝廷派朱熹去视察灾情。朱熹要求地方豪富拿出自家储藏的粮食救济饥民，同时提出了在各地建立"社仓"的设想。他规定在青黄不接时，可将"社仓"的粮食借给百姓，既能防止饥民暴动，又能维系社会稳定。这个举措不仅体现了朱熹心系苍生的情怀，更展现了他经世济民的智慧。

除了为官清廉，朱熹还致力于"兴学校，广教化"，他扩建了位于湖南长沙岳麓山下的岳麓书院，在空余时间更是亲临讲堂传道授业，使岳麓书院成为全国四大书院之一。

他时常教导学生："普通人不应因为觉得圣人高不可攀而自惭形秽，而应认识到圣人与普通人本性相同，只要坚持不懈地努力，人人都能够攀登智慧之峰，成就圣贤之德。"

朱熹在 52 岁时，将《大学章句》《中庸章句》《论语集注》《孟子集注》四书合刊，使经学史上第一次出现了"四书"之名。《四书》不仅构筑了朱熹的理学思想体系，更成为历代科举的标准教科书。

> 小知识：理学，又称道学、义理之学，是宋元明时期儒家思想学说的统称，作为封建统治阶级的官方哲学，标志着封建社会意识形态的进一步完善。

少年易老学难成，一寸光阴不可轻。

——朱熹

马可·波罗

意大利旅行家

在元朝的宫廷里，元世祖忽必烈正在和大臣们讨论巡视各地的人选。这些人中有一个金发碧眼的外国人，他精通蒙古语和汉语，对忽必烈的命令和想法理解得非常到位，于是忽必烈决定派他去执行巡视任务。

这个人就是不远万里，从欧洲来到元朝的马可·波罗。

马可·波罗的父亲和叔叔是商人，他们到过元朝的上都，见过忽必烈，还帮助忽必烈给罗马教皇带信。也正因如此，在家庭氛围的熏陶下，马可·波罗自幼对神秘的东方充满了浓厚兴趣。

17岁时，马可·波罗跟随父亲和叔叔历经4年到达了元朝。年轻的马可·波罗聪明机敏，很快获得了忽必烈的赏识。他奉忽必烈的命令到中国各地巡视，走遍了中国的万水千山。

每到一处，马可·波罗都会详细考察当地的风俗、地理、人情，回到元大都后，他将这些见闻详细汇报给忽必烈。

时间如白驹过隙，转眼间马可·波罗在元朝已经任职了17年，他非常想念家乡，便跟随父亲和叔叔护送一名蒙古公主到波斯成婚。

等马可·波罗回到家乡威尼斯的时候，距离他离家整整过了24年。家乡的人们以为他们全家早日客死异乡。

后来，威尼斯和热那亚之间爆发了战争，马可·波罗为捍卫家乡荣誉毅然出战，结果不幸被俘。他在狱中结识了作家鲁斯梯谦，并由他口述，鲁斯梯谦执笔，共同完成了《马可·波罗游记》。

在这本书中，中国被描述为一个遍地黄金的富有国家，激发了欧洲人对东方的向往，对后来新航路的开辟产生了巨大影响。

> **小知识：**蒙古帝国又称蒙古汗国，是后世学者对13世纪蒙古人所建政权的称呼。它始于成吉思汗建立的大蒙古帝国，后经成吉思汗及其子孙们进行三次大规模西征，鼎盛时期领土面积辽阔，横跨亚欧大陆。

马可·波罗的书引起了我对
神秘东方的向往。

——哥伦布

但丁·阿利吉耶里

意大利文艺复兴时期诗人

13 世纪的佛罗伦萨政局动荡，不同派系间为争夺利益而冲突不断。在复杂的权力斗争中，有个没落贵族出身的官员非常独特，他就是但丁。

但丁和他所在的政治派系既不希望佛罗伦萨落入罗马帝国的控制，又不希望教皇来插手城市管理的世俗事务，他们希望佛罗伦萨能保持独立性，不受任何势力的干扰。然而在当时的社会背景下，这条路根本走不通。但丁在激烈的政治冲突中，被驱逐出佛罗伦萨，永远流放。

流亡生涯刺激但丁创作出了一系列影响深远的作品，包括《帝制论》和《神曲》。

但丁在《帝制论》中主张政教分离，阐述了普世君主制的重要性。这对处于长期被天主教禁锢思想的中世纪欧洲社会来说，具有划时代的意义。

《神曲》是一部长篇史诗，这部史诗是一个复杂的寓言，探讨了罪恶、救赎、爱和追求精神启蒙的主题。

在《神曲》中，但丁肯定了现实生活的意义，指引人们追求更高尚的精神需求，他写道："人生来不是为了像兽一般活着，而是为了追求美德和知识。"

恩格斯评价但丁是中世纪的最后一位诗人，又是新时代的最初一位诗人，封建的中世纪的终结和现代资本主义纪元的开端，就是从但丁开始的。

小知识：中世纪指公元 5 世纪至公元 15 世纪。这段时期的欧洲缺乏强大的中央政权，封建制度盛行，导致领地分割和频繁的战争。此外，教会的影响力广泛，限制人们的思想自由。

走自己的路，让别人说去吧。

——但丁·阿利吉耶里

郑和

明代航海家

永乐三年（公元 1405 年），苏州刘家港停着 62 艘巨船。这支巨船船队的指挥官便是郑和，人称"三宝太监"。

不错，郑和是个宦官。朱棣还是燕王时，发动了靖难之役，郑和在这场皇权之争中为朱棣立下赫赫战功，因此成为朱棣最信任的宦官。郑和不仅深谙航海知识，还具备军事才能。当时，朱棣想要组织船队出海，郑和就成了最佳指挥官人选。

郑和开启了中国航海史上具有非凡规模和深远影响力的七下西洋的壮举。

1405 年至 1433 年，郑和七次下西洋远航，最远到达红海沿岸和非洲东海岸。他每次出航，都要带上两万多名人员，船上装满金银珠宝、瓷器、茶叶、丝绸，还有许多做工精美的工艺品。同时，郑和也从西洋各国带回了中原没有的东西，比如长颈鹿、翡翠、玛瑙等，还有许多热带植物的种子。

而郑和的航海出行并非一帆风顺。第一次下西洋时，郑和遇到了海盗陈祖义，幸运的是郑和识破了陈祖义的诈降，发兵剿灭海盗团伙 5000 余人，生擒海盗贼首；第三次下西洋时，锡兰山国王想要谋害郑和，结果被郑和一举攻破国都。

郑和奉行和平外交，他七下西洋，加强了与亚非国家的贸易交往、文化交流，促进了中华文化的向外传播，同时推动了国与国之间的海上贸易，开拓了航路。

> 小知识：靖难之役指明建文帝登基后，打算削除藩王，燕王朱棣起兵反抗，一路攻入明朝帝都应天（今南京）。建文帝在混乱中下落不明，朱棣即位，史称明成祖。

国家欲富强，不可置海洋于不顾，
财富取之于海，危险亦来自海洋。
——郑和

克里斯托弗·哥伦布

意大利航海家

在苍茫的大海上，四艘小型帆船被狂风吹得东倒西歪，在巨浪的冲击下，四艘船都有不同程度的损坏。在靠近海岸寻找饮用水时，两艘船被白蚁侵蚀，剩下的两艘船也快要沉没了。船上的人只好去附近的海岛求救，因为那里有他们建立的殖民地。在殖民地艰难求存一年零五天后，一行人无功而返。谁知，此时他们想要打通的水上通道终点距离他们只有40英里（约64千米）。

统领这支船队的人就是大航海家哥伦布。这是他的第4次航海远行，却没能带回西班牙王室想要的东西。

这位发现了巴哈马群岛、大安的列斯群岛、小安的列斯群岛、加勒比海岸的委内瑞拉、中美洲，第一次令欧洲与美洲实现接触的大航海家，最终被支持他的西班牙王室抛弃。

哥伦布14岁就开始了海上生活，跟随一位名叫科伦坡的老船长学习。老船长告诉哥伦布，海上的规则是强者为王。科伦坡没说错，当时在地中海航行是非常危险的，这里海盗行为几乎合法化。海上生活令哥伦布学会了地理、天文、航海知识，以及绘制航海图。但他直到41岁时才获得西班牙王室的支持，进行第一次前往美洲的航行。

哥伦布的航行为西班牙帝国占据了大片殖民领土，他开辟了欧洲探险和殖民海外领地的大时代，对现代西方世界的历史发展有着不可估量的影响。

同时，哥伦布也为美洲和非洲带去了深重的灾难，他开启了奴隶贸易的先河，致使西方国家对这些地区的殖民掠夺持续了400多年。

> 小知识：西方国家通过对殖民地的掠夺，完成了发展资本主义的原始积累，却给殖民地的人民带去了深重灾难和剥削。

大海将我们分开，却也给予了我们通
往新世界的道路。
　　　　　——克里斯托弗·哥伦布

尼古拉·哥白尼

波兰天文学家

"**书**来了。"这句简短的话犹如甘霖，令弥留之际的哥白尼露出欣慰的笑容。他用手轻轻抚摸着书页，平静地辞世。而他心心念念的这本书就是《天体运行论》。

哥白尼 10 岁时，父亲病逝，之后他便跟随舅舅生活，舅舅不仅是一位虔诚的教徒，还是一位天文爱好者。在舅舅的熏陶下，哥白尼逐渐培养出虔诚的信仰，而且痴迷于研究浩瀚无边的星空。

哥白尼读大学的时候，他的祖国波兰经常被条顿骑士团骚扰，为了对抗侵略者，哥白尼听从舅舅的安排，在弗朗堡教堂做财政顾问。他说："没有任何义务比得上对祖国的义务那么庄严，为了祖国而献出生命也在所不惜。"

在教堂的工作并没有阻止哥白尼继续钻研天文学，他通过实际观测，发现当时特别流行的"地心说"根本不成立。

不久后，哥白尼接触到了希腊哲学家阿利斯塔克的学说，从而认为地球和其他行星都围绕太阳运转的说法比地心说更靠谱。

此后，哥白尼花费数十年的时间进行观测和计算，终于完成了《天体运行论》。而他通过观测计算得出的数值精确度非常惊人。比如，哥白尼测定的恒星年时间是 365 天又 6 小时 9 分 40 秒，与现代精确数值相比误差仅有百万分之一。

今天回望"哥白尼学说"，也许没有那么完美，但它的问世颠覆了人类对宇宙的传统认知，为后世伽利略和开普勒的成就奠定了基础。

> 小知识：《天体运行论》是哥白尼论述日心学说的著作，于 1543 年出版。第一卷总论太阳静居宇宙中心，地球和其他行星都绕太阳运行；第二卷论述地球自转；第三卷论述岁差；第四卷论述月球运行和日月食；第五卷、第六卷论述五大行星的运行。

最后，我们将把太阳本身放在
宇宙的中心。

——尼古拉·哥白尼

米开朗琪罗·博纳罗蒂

意大利文艺复兴时期雕塑家

在文艺复兴时期的罗马西斯廷教堂里，一位艺术家站在高高的脚手架上，仰头在天花板上创作壁画。长时间保持仰头的姿势工作，导致他后来连低头阅读书信都变得异常困难。

这位敬业的艺术家就是米开朗琪罗。他不仅是一位雕塑家，更是一位以"完美"为目标的创造者。1501 年，佛罗伦萨政府委托他为圣母百花大教堂制作一座象征城市精神的雕像，米开朗琪罗出乎意料地选择了一块被遗弃多年的大理石。这块石头曾被两位雕塑家选中，却因为石料存在缺陷而被放弃。米开朗琪罗却说："每块石头中都有一个形象等待释放。"

于是，他用精准的比例和解剖学知识，给这块冰冷的石头赋予了生命力。这件作品就是他的成名作《大卫》。

除了雕塑，米开朗琪罗还涉足建筑与诗歌领域。作为圣彼得大教堂穹顶设计的主要参与者，他坚持亲自监督施工过程，即便年事已高，他也未曾懈怠。他经常因不满助手的工作而大发雷霆，甚至亲自修正错误。这种严厉源于他对完美的追求。很多人认为他过于孤傲，但作为独一无二的天才，米开朗琪罗在艺术上从不妥协。

从西斯廷教堂穹顶壁画到《大卫》，再到圣彼得大教堂穹顶设计，米开朗琪罗用一生诠释着他对完美的极致追求。

> 小知识：但丁、彼特拉克、薄伽丘被称为"文艺复兴三颗巨星"，即文艺复兴前三杰；达·芬奇、米开朗琪罗和拉斐尔则被誉为"美术三杰"，即文艺复兴后三杰。

我在大理石中看见天使，于是我不
停地雕刻，直至使他自由。
——米开朗琪罗·博纳罗蒂

李时珍

明代医药学家

在明代，读书人的地位非常高，如果能中进士，绝对是能够光宗耀祖的事。有一个人早在 14 岁时就高中秀才，却偏偏放弃科举这条路，潜心钻研医学。这个人就是李时珍。

李时珍出身医学世家，三代行医，他的父亲是当时的名医，曾在太医院任职。由于民间医生地位太低，生活非常艰苦，父亲不希望李时珍再学医。然而，李时珍非常喜欢草药，也喜欢给人诊脉看病。于是，他在连续三次科举不中之后，毅然走上医学这条路。

李时珍聪明好学且极具天赋，在 33 岁时，因替富顺王朱厚焜的儿子治好了顽疾而医名大显，没过多久就被举荐到太医院工作。李时珍在这里接触到了皇家珍藏的丰富典籍，见到了许多平时难以得见的药物标本，从而开阔了眼界，丰富了知识。

然而，太医只能为皇家成员服务。李时珍心怀天下，更想救治劳苦大众。于是，任职一年后，他便辞职回乡。

李时珍行医几十年，发现很多古代本草书籍都存在错误，于是决心重新编纂一部本草书籍。

他历时 27 年，参考了 800 多部书籍，足迹遍布湖广、江西等地的名山大川，深入了解了上千种中药的形状、生长环境和药用价值，终于完成了《本草纲目》的初稿。随后他又经历三次修改，前后总计花费了 40 年的时间，才最终完成《本草纲目》的修订，为我国中草药学作出了巨大贡献。《本草纲目》也被英国著名生物学家达尔文称为"中国古代的百科全书"。

> 小知识：《本草纲目》主要介绍历代诸家本草及中药基本理论等内容，全书共评价并介绍了明代以前 41 种本草著作；记录了 1892 种药物，附有药方 11096 种，绘有药图 1109 幅。

身如逆流船，心比铁石坚。
望父全儿志，至死不怕难。
　　　　　——李时珍

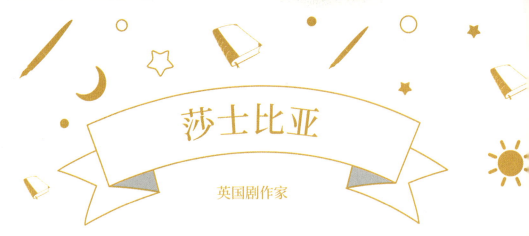

莎士比亚

英国剧作家

16世纪末，瘟疫肆虐英国，许多英国人因此丧生。英国多地实施封城、封路举措以防止疫情扩散，但是人们依然被恐惧和死亡的威胁压得喘不过气来。

肆虐的瘟疫给莎士比亚带来了新的思考。他决定以手中之笔为武器，唤醒人们的责任意识。于是，他一改之前轻松欢快的喜剧风格，创作出了《李尔王》《麦克白》等悲剧作品。

然而，受疫情影响，伦敦许多剧院和公共场所被迫关闭，莎士比亚无法通过戏剧演出获得收入，生活一度陷入贫困。但这也激发他写出了人生第一首长篇叙事诗《维纳斯与阿多尼斯》，并获得了南安普敦伯爵的赏识和庇护，这帮助莎士比亚安然度过了疫情肆虐的艰难时光。

作为当时最伟大的戏剧家，莎士比亚不仅创作出大量题材丰富、内容广泛的戏剧作品，还对英语语言的发展作出了卓越贡献。他在作品中运用的英文词汇量高达 29000 多个，其中许多独特的词汇表达也被称作"莎式词汇"。

莎士比亚笔下的悲剧拥有独特的美学价值。他将人的七情六欲和人性的弱点揭示出来，又加以放大，以产生触目惊心的效果，并通过悲剧的演绎，激发观众对良心和真善美的反思。

人生如戏，戏如人生，莎士比亚的一生跌宕起伏，他用自己的创作点亮了充满蓬勃生命力的艺术殿堂。直到现在，无数作家仍能从他的作品中汲取创作灵感。

小知识：莎士比亚"四大悲剧"指的是《哈姆雷特》《奥赛罗》《李尔王》《麦克白》。莎士比亚与古希腊悲剧家埃斯库罗斯、索福克勒斯、欧里庇得斯并称为西方戏剧史上"四大悲剧家"。

黑夜无论怎样悠长，白昼总会到来。

——莎士比亚

威廉·哈维

英国生理学家、医师

你知道吗？中世纪的欧洲不管治什么病，都习惯采用放血疗法。从现代医学的角度来看，这种治疗手段毫无科学依据，甚至显得恐怖且荒唐。它之所以能在西方盛行数百年，与当时人们尚未搞清楚人体的血液循环系统有很大关系。

当时盛行的血液学说是由古罗马时代的医学家盖伦提出的。他认为动脉血和静脉血是两种完全不同的血液。在当时，这种学说得到了宗教的支持，凡是质疑它的人，都可能付出生命的代价。

直到威廉·哈维的出现。哈维通过解剖动物来阐释人体解剖学，他估算出心脏每次跳动的排血量大约是 60ml，心脏每分钟跳动 72 次，所以每小时大约有 259.2L 的血液从心脏排入主动脉，这一重量有 200 多公斤。这明显超过了正常人的体重，于是哈维认识到人体存在着定量的血，它们循环往复地通过心脏。

为了验证这一猜想，他花费了多年时间做实验并得出结论——血液不断流动的动力，来源于心肌的收缩压，并且人体中只有一种血液。

为此，哈维出版了传世巨著《心血运动论》。他在书中引用了大量的解剖实例、实验研究数据及临床观察等确凿的证据，但他的理论在当时不被主流医学界认可，他本人还被指责为精神失常。

直到他逝世 4 年后，显微镜的出现证实了毛细血管的存在，哈维的学说才最终被认可。

哈维将实验引入医学，让医学从"言之成理"的思辨，转向经得起检验的严谨科学。

小知识：血液循环是指血液在心脏节律性搏动的推动下，循着心血管系统在全身周而复始的运行过程。物质运输和交换是血液循环的主要功能。

假如为了真理和无可怀疑的证据而改变自己过去的看法，他们就应该这么做而不必害怕这种改变，如果发现谬误，即使是古人所承认的，也应该毫不吝惜地加以放弃。

——威廉·哈维

扬·阿姆斯·夸美纽斯

捷克教育家

夸美纽斯 12 岁那年，经历了人生中第一次至暗时刻——父母先后病故，两个姐姐夭折，他沦为孤儿。在基督新教兄弟会的资助下，他前往德国学习。在大学里，他接触到了人文主义思想和新兴的自然科学知识，了解了各国教育的发展动向。

1614 年，夸美纽斯回国后，被基督新教兄弟会委任为普列罗夫拉丁文法学校的校长，开始研究教育改革问题。

就在夸美纽斯教育事业刚刚起步时，他人生中第二个至暗时刻到来了——欧洲三十年战争爆发了。

战火将夸美纽斯的家产、藏书和所有论文手稿化为乌有，瘟疫又夺走了他妻儿的性命。更糟糕的是，他的祖国捷克驱逐了将他抚养成人的基督新教兄弟会。夸美纽斯被迫离开祖国，四处飘零。

尽管如此，夸美纽斯没有被打倒。他开始把自己的全部精力投入教育研究和实践中，先后写成《泛智的先声》《母育学校》等多部著作。

《母育学校》里首次提出要为 6 岁以下儿童制定详细的教育大纲，并指出家庭是儿童的第一所学校，父母是儿童的第一任老师。在《泛智先声》中，夸美纽斯提出"将一切事物教给一切人"的泛智主义教育观，希望通过教育改良社会，实现教派和民族的平等。

回顾夸美纽斯的一生，他经历了两次至暗时刻，但这些都没有将他击溃。他像一颗顽强的种子，在逆境中发芽成长，最终结出崭新的教育硕果。

> 小知识：三十年战争是指 1618 年—1648 年在欧洲以德意志为主要战场的国际性战争。这场战争是由欧洲各国争夺利益、树立霸权的矛盾以及宗教纠纷激化导致的，推动了欧洲近代民族国家的形成。

教师是太阳底下最光辉的职业。
——扬·阿姆斯·夸美纽斯

奥利弗·克伦威尔

英国政治家、军事家

英国伦敦白厅前的广场上人头攒动，大家围在处以极刑的断头台前高呼："处死国王！处死国王！"

没多久，查理一世被送上断头台。不远处站着一个英姿勃发的男人，他就是为英国资产阶级革命守护胜利果实的"护国主"奥利弗·克伦威尔。

克伦威尔的父亲是一个清教徒，受父亲的影响，他认定人人平等，追求个性解放，反对禁锢人们的思想与行为。可是，英国国王查理一世想继续打着"君权神授"的幌子，解散议会，实行独裁统治，剥削平民。

克伦威尔对此非常气愤，参与了《大抗议书》的起草，这份文件后来成为英国资产阶级反对英国皇室的革命檄文。面对汹涌的革命浪潮，查理一世逃离王宫，前往英国北部，准备组织军队反击，整个英国笼罩在战争的阴影中。

克伦威尔回到家乡，散尽家财，组织了一支60人的军队，在与国王军队作战的过程中，这支队伍不断壮大，发展至上万人的规模，成为当时欧洲最强大的陆军之一，被誉为"铁骑军"。

克伦威尔一边讨伐国王的军队，一边改组议会。先后在马斯顿荒原战役、纳西比战役等战斗中击溃王军，结束了英国内战，并处决了查理一世。

然而，纵横沙场的克伦威尔，却难以应对复杂的政治斗争。面对纷乱不堪的英国政局，克伦威尔只能选择以军事独裁的政体维持统治，为资产阶级保存力量。在他病逝后，英国人民终于推翻了试图复辟的斯图亚特王朝，确定了君主立宪制。克伦威尔的护国功绩也因此永垂史册。

> 小知识：君主立宪是一种政治体制，君主通常不直接支配国家行政权力，多为"虚位元首"，行政权由内阁掌握。

Oliver Cromwell

微妙可能会欺骗你，诚信永远不会。
——奥利弗·克伦威尔

安东尼·范·列文虎克

荷兰生物学家

安东尼·范·列文虎克是第一个发现细菌的人。

列文虎克最初的业余爱好是制作显微镜。他出身于一个普通家庭，曾在市政府的门房中担任一个不起眼的职务，他默默无闻且生活乏味，却有一个特殊嗜好——打磨镜片。尽管没有接受过职业磨镜工的正规训练，但列文虎克的磨镜技术非常高超。

列文虎克用自己磨制的镜片制成了当时最先进的显微镜，可以将物体放大 40—270 倍。他利用这架显微镜，打开了微观世界之门，并用它来观察晶体、矿物、植物、动物、污水等物质中的细致纹理和微生物。

事实上，列文虎克从来都没有把自己当成生物学家，也没有受过高等教育，甚至除了会说荷兰语外，他不再会任何语言。可他的观察和实验都是基于严谨的科学方法完成的，他是第一个发现单细胞生物的人，还成功观察到了细菌、细胞液泡等微小的生物结构以及红细胞；他一生中磨制了 500 多个镜片，制造了 400 多种显微镜，至今仍有 9 种保存完好。

列文虎克对微生物的发现，推翻了那个时代关于低级生命形态都是自发产生的理论，证明了微生物同样是通过繁殖而产生的，向人们展示了一个丰富多彩的微生物世界。

> 小知识：微生物包括细菌、病毒、真菌等。尽管列文虎克发现了微生物，但微生物学在很长一段时间内一直停滞在对它们形态和分类的描述上。直到 19 世纪中期，科学家们才将微生物学推向新的阶段，开始研究微生物的生理学特性。

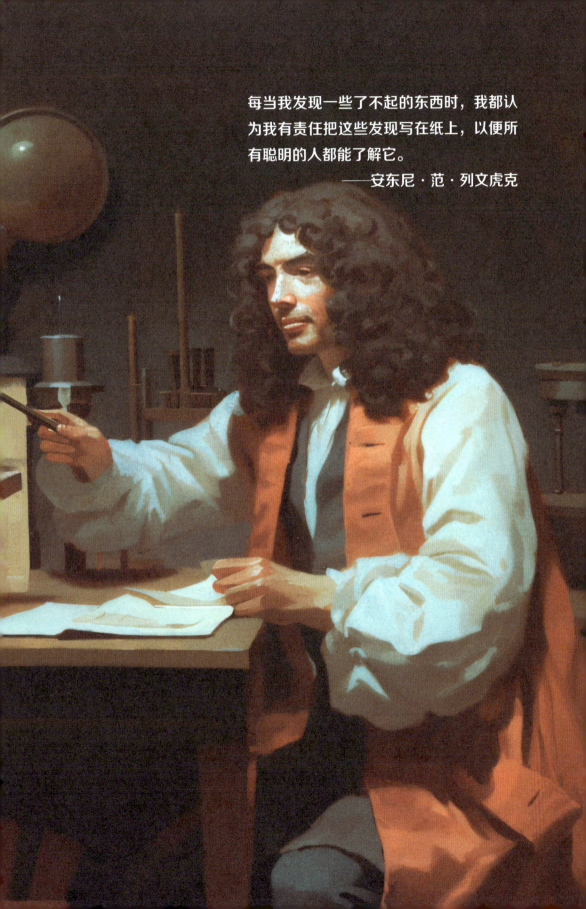

每当我发现一些了不起的东西时，我都认为我有责任把这些发现写在纸上，以便所有聪明的人都能了解它。

——安东尼·范·列文虎克

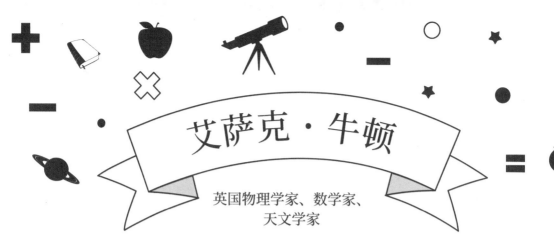

艾萨克·牛顿

英国物理学家、数学家、天文学家

　　一天，牛顿正在散步，当他走到一棵苹果树下时，突然被熟透的苹果砸中了脑袋。这让牛顿陷入了沉思——苹果熟了为什么会往下掉，而不是往天上飞？经过不断研究，他发现了万有引力。

　　后来牛顿在天文学家埃德蒙·哈雷的鼓励与帮助下，历经三年，将自己在天文学和动力学方面的发现撰写成书，名为《自然哲学的数学原理》。著书期间，牛顿经常忘记吃饭和睡觉，他时常在小憩中惊醒，拿过纸笔奋笔疾书；有时衣服穿到一半，就坐在床沿边思考。为了著书立说，牛顿废寝忘食。

　　在这本书中，他以万有引力定律为基础，计算出了太阳和行星的质量；首创了摄动理论，该理论助力了哈雷彗星的发现；开启了行星演化的研究。随后，牛顿与哥特弗里德·莱布尼茨建立了微积分学。

　　1696年，牛顿在查尔斯·蒙塔古的推荐下就任造币厂督办，重新调整了造币厂整体的运行模式，大大提高了效率。后来，他又被提拔为造币厂厂长，当时，英国银币存在严重的造假问题，致使国内物价飞涨。牛顿革新造币机器，与假币贩子头目斗智斗勇。这场钱币革命，为英国成为欧洲强国奠定了坚实基础。

　　小知识：所有物体之间都会相互吸引，这种物体间相互吸引的力被称作万有引力。牛顿的这一发现对于我们理解宇宙和天体运动具有极其重要的意义。

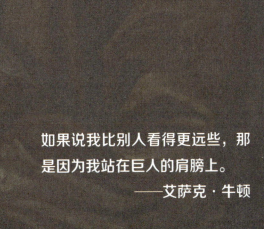

如果说我比别人看得更远些，那
是因为我站在巨人的肩膀上。

——艾萨克·牛顿

松尾芭蕉

日本诗人

他被誉为日本的"俳圣"。他赋予日本俳句极高的诗性。

他追求庄子般的隐者姿态，游访日本各地，留下许多名句和纪行文学作品。

他，就是日本著名的俳句诗人松尾芭蕉。

芭蕉师从日本武将藤堂家继承人良忠的俳谐师父北村季吟，刻苦学习松永贞德流的贞门俳谐。47岁时，他用一段文字对自己之前的人生做了概述，大意是：他时而期盼到武将家中做官，时而又想出家，最终未能为国家和黎民效力，反倒过着俳句诗人漂泊无依的生活。

"芭蕉"这个俳号源于他37岁时，弟子送给他的一株芭蕉。受此启发，他将自己的草庵命名为"芭蕉庵"，并以此笔名。

为了追求诗意的美学境界，芭蕉四处游历，一生漂泊，将俳句散落在大地、山涧、海岸、林中和荒野之间。他追求与自然的融合，带领读者进入禅宗提倡的独特精神境界。

芭蕉的诗体现了日本人追求的两种理念："侘"与"寂"。"侘"指满足于朴素的生活；"寂"指能欣赏不完美的事物。大自然最适合孕育"侘寂"，因此自然之美成了芭蕉诗作中最常见的主题。

"桃花丛中见早樱"这类诗句体现了芭蕉诗作主题简洁的特点。他享受独处、品味当下，乐于赞赏生活中最细微的事物。

> 小知识：日本俳句是一种短小而精致的诗歌形式。俳句力求表达自然、季节、感情或人生的瞬间感悟。它强调简约和捕捉瞬间之美，常常表现出自然景观和情感的交融。

大竹林里明月光，间闻杜鹃声感伤。

——松尾芭蕉

阿尔坎格罗·科莱里

意大利作曲家、小提琴家

如何将才华转化成伟大？是为自己赢得无数赞誉，还是开创一项不朽的事业？

阿尔坎格罗·科莱里为我们提供了答案。

科莱里的父亲在他出生前就去世了，科莱里和 4 个兄长全都由母亲抚养长大。幸好母亲出身于一个富裕的中产阶级家庭，且很有学识。在科莱里稍微长大一些的时候，母亲便请当地的神父教授他基础的音乐课程。

科莱里求学的年代，正是博洛尼亚小提琴学派的兴盛时期，而他的老师又是该学派创始人的弟子。在这些琴艺高超的老前辈的熏陶下，科莱里接受了当时最高规格的小提琴训练。他 17 岁就成为博洛尼亚爱乐协会的正式会员了。

然而，科莱里并不满足于仅仅拥有高超的演奏技艺，他更看重的是如何在前人成就的基础上进一步发展小提琴音乐艺术。在此之前，小提琴手尚未实现职业化，只是乐队里的一个点缀。

科莱里是世界上第一位职业小提琴家，他创作出许多小提琴独奏作品，将意大利声乐的创作手法运用到小提琴演奏的创作中，把许多慢板乐章都创作得非常抒情、柔婉，如同人声般动听。

科莱里还是第一位完全采用大小调体系进行创作的作曲家。他明确了大协奏曲的乐队编制，将小提琴等小型乐器的演奏形式确定为三重奏鸣曲的格式。

科莱里还是一位出色的小提琴教育家，他培养出数位 18 世纪顶尖的意大利小提琴家，对意大利小提琴学派的形成起到了重要推动作用。

> 小知识：小提琴是一种弦乐器，由 30 多个零件组成。现代小提琴的设计并非单纯追求形态美观，而是基于音响效果和演奏需求的综合考虑。

科莱里的小提琴演奏风格纯净而优雅，
他的作品成为后世作曲家模仿的典范。
　　　　——查尔斯·伯尼《音乐通史》

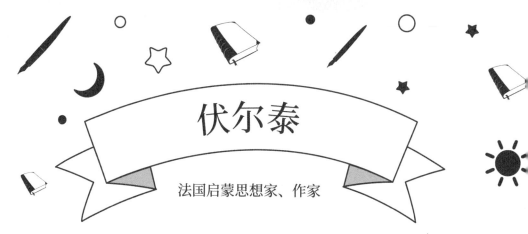

伏尔泰

法国启蒙思想家、作家

相信大家对牛顿和苹果的故事早已耳熟能详。这个故事是由伏尔泰广为传播的，并被其收录于自己的著作《哲学通信》中。

谁知，当这本书传回法国后，在法国引起了轩然大波。因为伏尔泰通过对比英法两国的政治体制，深感法国天主教专制的政体充满了弊端，他希望法国能够朝着开明的君主制、宽容的多元文化主义方向进行改革。

随后，他又因宣扬英国资产阶级革命的成就和立宪政体，抨击法国落后的专制统治，而引发法国国王路易十五的不满。为此，伏尔泰不得不逃到西雷村的庄园，在那里隐居了 15 年。

隐居期间，伏尔泰笔耕不辍，史诗、戏剧、哲学、历史、科学著作，无一不是他的擅长领域。后来，伏尔泰定居于法国和瑞士边境的湖畔地区，撰写并印发小册子，痛斥天主教会披着宗教外衣的种种恶行，并支持和指导年轻一代投身启蒙运动。

他的哲学思想影响深远，极大地推动了法国的思想解放运动，为法国大革命爆发奠定了良好的思想基础。因此，18 世纪法国的启蒙时代，又被称为"伏尔泰的时代"。

1778 年，84 岁的伏尔泰与世长辞。他的灵车上所写的"他教导我们走向自由"，不仅是对他个人一生的高度赞誉，更象征着他所倡导的自由、平等、理性等启蒙思想在法国乃至世界范围内的广泛传播与深远影响。

小知识：法国大革命又叫法国资产阶级革命，是指 1789 年—1794 年在法国爆发的推翻君主专制统治、确立资本主义制度的革命。

怀疑是人类理性的第一步。
——伏尔泰

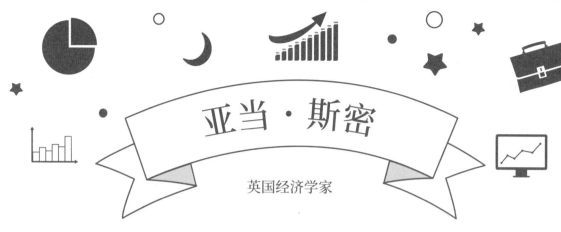

亚当·斯密

英国经济学家

曾经的 20 英镑纸币上，正面印着女王头像，背面印着一个男人的头像，这个男人就是英国著名的政治经济学家亚当·斯密。

亚当·斯密作出了什么巨大的贡献，竟然能够跟英国女王一同出现在纸币上呢？

这要从 18 世纪苏格兰启蒙运动说起。当时的苏格兰深受宗教影响，在社会生活的诸多方面，宗教教义和传统习俗严格约束着人们的行为与思想。例如，一日三餐前，人们依照惯例要虔诚祈祷，感恩上帝赐予食物。

而亚当·斯密从经济学的角度提出新的见解。他在《国富论》中写道："我们每天所需要的食物和饮料，不是出自屠户、酿酒师、面包师的恩惠，而是出自他们对自利的考虑。"

需要说明的是，亚当·斯密说的"自利"不是"自私自利"的意思，而是以利己为起点，通过市场交换的方式实现个人财富的增加，这是一种个人和社会利益的完美结合。

亚当·斯密的这个观点，在一定程度上冲击了当时社会受宗教主导的传统观念，促使人们重新审视经济活动与现实生活，引导部分人的关注点由单纯依赖宗教教义转向对现实经济行为和个人利益追求的思考。

德国思想家卡尔·马克思说过，"在亚当·斯密手中，政治经济学已经发展到某种完整的地步，它包括的范围在一定程度上获得了完备的轮廓。亚当·斯密第一次对政治经济学的基本问题作出了系统的研究，创立了一个完整的理论体系"。

> 小知识：《国富论》的出版标志着现代经济学的诞生。它为资本主义自由市场经济制度提供了理论基础，对当时及后世的经济政策和经济理论发展产生了深远影响。该书推动了英国及其他国家的经济政策改革，促进了自由贸易和资本主义经济的发展，也为后来的经济学家提供了重要的思想源泉和研究基础。

如果一个社会的大部分
成员贫穷而悲惨，这个
社会就谈不上繁荣幸福。
　　　　——亚当·斯密

詹姆斯·瓦特

英国发明家

你留意过家里烧开水的情景吗？燃气灶上放着水壶，水烧开时，蒸汽会不断把水壶盖子顶开。

这个现象，詹姆斯·瓦特小时候也注意到了。由此他对蒸汽产生了浓厚的兴趣。

实际上，早在瓦特之前，蒸汽机就已经被发明出来了。公元1世纪，亚历山大的希罗便设计出类似的机器。1698年，托马斯·塞维利制成一台专门用于抽水的蒸汽机。托马斯·纽可门在前面两人的基础上，制成了一台新的蒸汽机，并于1712年获得了该蒸汽机的专利权。然而，这种蒸汽机的应用范围有限，只能用于煤矿排水。

可以说，蒸汽机的发明汇聚了许多人的智慧。但是，那时的蒸汽机工作效率非常低，需要消耗大量的煤。而且，蒸汽机还是"稀有品"，不是什么人都能见到的。

出于对机械的热爱，瓦特在格拉斯哥大学里开设了一间小修理店。几年后，学校有一台蒸汽机坏了，要拿到伦敦去修理，瓦特请求学校让他试着修一修。于是，他发现蒸汽机效率低的原因是活塞每推动一次，气缸里的蒸汽都要先冷凝，然后再加热进行下一次推动，这导致蒸汽80%的热量都消耗在维持气缸的温度上。

针对这个问题，瓦特设计出了冷凝器，并将它与气缸分离开，发明出了一个可以连续运转的新型蒸汽机。瓦特改进后的蒸汽机首先应用于纺织行业，并取得了巨大成功。这使得蒸汽机被大规模推广应用，并带动了世界范围内的第一次工业革命。

> 小知识：希罗设计出了汽转球，这是一种利用蒸汽反作用力驱动球体旋转的装置，可视为蒸汽机的雏形，它的出现开启了人类对蒸汽动力利用的探索。

变化才能进步，不断变化
才能臻于完美。

——詹姆斯·瓦特

安托万－洛朗·德·拉瓦锡

法国化学家

17—18 世纪的化学家认为，物质里有一种"燃素"，物质燃烧时发出的火光就是释放了这种"燃素"，所有跟燃烧有关的化学变化都是物质吸收或放出"燃素"的过程。这就是著名的"燃素说"。

直到 18 世纪，一位名叫安托万－洛朗·德·拉瓦锡的化学家推翻了"燃素说"。

拉瓦锡重复了古代炼金术师们的实验，将水银、铁、银等金属物质放在玻璃钟罩里进行加热，并且连接了曲颈甑。然后，他将燃烧后的所有物质搜集起来进行精确测量和称重。按照"燃素说"的理论，金属燃烧后释放"燃素"，重量应该减轻，可拉瓦锡发现受热后的金属重量反而增加了。像木炭、磷等非金属物质在燃烧后，生成的物质有的甚至能溶于水。那么，多出来的这部分物质究竟是怎么回事呢？

拉瓦锡认为，应是空气中的一种物质参与了燃烧。物体燃烧后重量增加，正是因为吸收了这种物质。后来，这种物质被命名为"氧气"。

基于这一发现，拉瓦锡由此得出了"物质不灭定律"，即物质虽然能够变化，但是不能消灭或凭空产生。这一理论就是著名的质量守恒定律。

除此之外，拉瓦锡还发现了燃烧原理，第一次识别出氧气、氮气和氢气，并对它们进行了命名。接着，拉瓦锡否定了古希腊哲学家的四元素说和三要素说，建立起了在科学实验基础上的化学元素概念，他把元素分为四大类，列出了第一张元素表，成功撰写了第一部现代化学教科书《化学基础论》。

> **小知识：** 质量守恒定律是自然界基本定律之一，它指出在任何与周围环境隔绝的物质系统（即孤立系统）中，无论发生何种变化或过程，其总质量保持不变。

我们必须只相信事实：它们由自然呈现，不会欺骗我们。在所有情况下，我们都应让推理接受实验的检验，唯有通过实验和观察的自然道路才能探寻真理。

——安托万－洛朗·德·拉瓦锡

爱德华·詹纳

英国科学家、免疫学之父

16—18世纪，天花被称为"人类史上最大的种族屠杀者"。它是无情的地方病，每5个感染者中就有1人丧命。面对天花的极高致死率，一个年仅8岁的小男孩立志要为家乡的百姓攻克它。这个男孩就是爱德华·詹纳。

为了能够成为一名合格的医生，詹纳读完小学后就放弃了传统的学校教育，他在家乡给一名外科医生当了9年学徒，随后又跟随伦敦著名的医学家系统学习医学知识。

回到家乡后，詹纳发现当地的大部分牛奶女工和牧场农民没有感染天花。原来，这些人中流传着一种说法：牛痘是牛患的一种疾病，可以传染给人，但对人无害。凡是得过牛痘的人，都不会感染天花。

詹纳立即想到：牛痘和天花之间是否存在某种联系？他将这个消息告诉医生同行们，希望大家能合力找到解决天花的办法，谁知，医生们嘲笑他，认为给人治病，却要去研究牲畜，简直可笑至极。无奈之下，詹纳只能独自行动。

他找到一个8岁的男孩詹姆斯，在得到男孩母亲的允许后，詹纳从一个牛奶女工手上的牛痘脓包中取出一些物质，注射给詹姆斯，詹姆斯果然感染了牛痘，不过很快就痊愈了。接着，詹纳又给男孩接种了天花痘，结果男孩并没有出现天花症状。通过这一系列实验，詹纳成功找到了预防天花的方法。

后来，詹纳将他的接种方法无偿奉献给了世界，且没有从中牟利。而天花也因此成为被人类消灭的第一种病毒。

> 小知识：天花病毒出现于三四千年前，有很高的致死率，传染性极强。感染天花病毒的患者会出现发热、头疼的症状，随后身上出现红色丘疹，并逐渐变成脓疱，脓疱破裂结痂后会留下瘢痕。

现在已无可争议地表明，天花的灭
绝——这一人类最可怕的灾难——必
将是此方法（牛痘接种）的最终结果。
——爱德华·詹纳

葛饰北斋

日本江户时代浮世绘画家

你知道自己是几岁降生的吗？

这个问题是不是有点奇怪？人刚降生的时候难道不是零岁吗？

可是，有个名叫葛饰北斋的日本画家称自己是 50 岁才"降生"的。这是因为，北斋 50 岁时，他的画风才基本形成，作品日渐丰富。北斋早期的绘画作品多以风俗画和美人画为主，50 岁后才逐渐改画风景画，并且大获成功。

北斋不是第一个在日本浮世绘中创作风景画的画家，但是他融合了之前大师们的创作经验，吸取了西方的绘画技巧，为日本浮世绘风景画开创了一个全新的时代。

同时，北斋人生中第二个创作高峰期也是 50 岁后迎来的，《北斋漫画》和《富岳三十六景》是北斋一生中最大的两项成就，这两个作品都是在这一时期完成的。他的画作具有浓郁的乡土气息。比如《富岳三十六景》是组画，虽然以富士山为背景，但画中内容大多表现百姓劳动和生产的场景。

北斋是位想象力非常丰富的艺术家。据说，他曾让公鸡脚上沾满红色颜料在白纸上自由行走，然后再根据脚印落下的位置，画出美丽的秋枫图。

由于日本长期受中华文明影响，北斋很早就成了"中国迷"。因为喜爱《西游记》和《水浒传》，他为这两部经典名著创作了大量插画，并将其印成了绘本《西游记》、新编《水浒画传》。

晚年的北斋，尽管体力和创新思维已不及新生代画家，但他依然坚持创作，为后世留下了海量的画作。

小知识：浮世绘是一种日本传统的木刻版画艺术，兴盛于江户时代。它通常以反映町人大众生活和风俗为主题，其中以刻绘美人画、歌舞伎俳优画和风俗画居多。

自六岁起，我就渴望画出一切事物。

——葛饰北斋

拿破仑·波拿巴

法兰西第一帝国皇帝

1804 年，法兰西共和国改为法兰西帝国。在加冕现场，贵族大臣齐聚一堂，其中最显眼的要数教皇庇护七世，他需要按照传统亲手将皇冠戴到新任国王头上，象征着"君权神授"的神圣信仰。

加冕仪式开始了，出人意料的是，即将被授冠的拿破仑没有向教皇行礼，反而快步走向教皇，从他手里拿过皇冠，戴在自己头上，随后又亲自为皇后约瑟芬加冕。

众目睽睽之下，拿破仑的这一行为无疑在告诉众人：这个王位是他自己奋斗出来的，他依靠自己的才能和努力来统治法国，不需要其他人来指手画脚。

拿破仑从小接受了极好的教育，10 岁那年，他的父亲将他送到军校读书。

拿破仑非常喜欢阅读，除了军事书籍外，他对数学、建筑学以及各国风土人情类的书籍都很感兴趣。他受启蒙运动思想影响较大。后来在远征中东时，他命令各行各业的学者随行，携带了上百箱的书籍和研究设备，并下令道："让驮行李的驴子和学者走在队伍的中间。"

拿破仑打仗的同时也将西方文明的火种传遍各处。面对法国大革命爆发后动荡不安的政局，拿破仑大刀阔斧地进行改革，颁布了著名的《拿破仑法典》，稳定了局势，更一举击溃反法同盟军，让法国成为欧洲霸主，他也成为与恺撒大帝、亚历山大大帝齐名的拿破仑大帝。

> 小知识：法国大革命爆发后，为了遏制法国新兴的资产阶级在法国大革命中逐渐壮大的势力，维护欧洲封建统治秩序，欧洲各国于 1793 年到 1815 年间结成反法同盟。前五次反法同盟均以失败告终，第六次和第七次击败了拿破仑，使得在法国大革命期间失去统治权的波旁王朝复辟。

每个法国士兵的背包里都装
着一根元帅的权杖。
——拿破仑·波拿巴

路德维希·凡·贝多芬

德意志作曲家、钢琴家

贝多芬自幼跟随父亲学习音乐，后又师从莫扎特、海顿等音乐名家，他勤学苦练，天分极高，8岁就能登台演出。然而，命运跟他开了个残酷的玩笑，他在26岁左右开始出现耳鸣等耳疾症状，听力逐渐衰退，到46岁左右已基本失聪。

面对残酷的命运，贝多芬两次写下遗嘱，想要自杀。可他终究战胜了自己。失聪后，寂静无声的生活并没有令贝多芬消沉，他依然秉持"自由、平等、博爱"的信念，创作出《命运交响曲》《田园交响曲》等脍炙人口的经典作品。

据说有一年秋天，大名鼎鼎的音乐家贝多芬来到莱茵河畔演出。晚上，他借着月光外出散步，忽然听到一所简陋的屋子里传出断断续续的琴声，弹奏的正是他的作品。

原来，这间屋子里住着兄妹俩。患有疾病的妹妹非常喜欢贝多芬的音乐，却无力支付贝多芬演奏会的票价，只能从别人那里听来，再自行练习。她多么渴望能亲耳听一次贝多芬本人演奏啊！

贝多芬听到他们的谈话，走进屋子，亲自为姑娘弹奏了刚才的曲子。他想起自己患有日益严重的耳疾，听力正逐渐衰退，他与这个姑娘一样都身患疾病，却不肯屈服于命运。看着窗外皎洁的月光，贝多芬即兴创作了一首曲子。美妙的音乐流淌而出，兄妹俩沉醉其中，贝多芬也沉浸在创作的氛围里。

当兄妹俩从音乐中回过神来时，贝多芬已经离开了小屋，他迅速回到住处，将刚才弹奏的曲子记录下来，这便是著名的《月光曲》。

> 小知识：海顿、莫扎特和贝多芬被称为"维也纳三杰"，是维也纳古典乐派的代表人物，他们的音乐作品被称为古典主义音乐的典范。

我要扼住命运的咽喉，它决不
能使我完全屈服。
　　　　——路德维希·凡·贝多芬

西蒙·玻利瓦尔

南美独立战争领袖

18世纪，委内瑞拉因为拥有大量可可、咖啡、烟草、棉花等农作物，被西班牙视为殖民宝地。玻利瓦尔就诞生在委内瑞拉的一个贵族家庭。他双亲早逝，由亲属抚养长大后，被送往欧洲学习。他从少年时就深受资产阶级革命思想的熏陶，汲取了卢梭等人自由、博爱的思想。回到委内瑞拉后，玻利瓦尔将自己的巨额财富投入资助革命军当中，亲自领导革命斗争，积极发动民众。经过艰苦奋战，他最终推翻了西班牙在委内瑞拉的殖民统治，助力委内瑞拉获得独立。

玻利瓦尔不仅想解放委内瑞拉，他还想解放整个被殖民者奴役的拉丁美洲。于是，他带领军队，先后从西班牙手中解放了哥伦比亚、厄瓜多尔、秘鲁、玻利维亚等多个美洲国家。玻利瓦尔因此被称为"拉丁美洲的解放者"。

玻利维亚为纪念他以他的名字给国家命名；委内瑞拉将国家钱币取名为"强势玻利瓦尔"。据说，盛产白银的秘鲁向他献上了100万银圆，可是，玻利瓦尔将这些钱全都留给了军队，自己分文不取。

然而，玻利瓦尔没想到，他的革命成功之日，便是革命者理想破灭之时。他梦想建立一个人人平等的拉丁美洲合众国，期望通过拉丁美洲各国的联合，实现地区的和平、稳定与发展，以合作协商的方式解决内部争端。

最终，这一切被当时欧洲列强的坚船利炮打乱，他想推行的拉丁美洲政策也因各个政治派别贪图私利而失败。玻利瓦尔黯然离开政坛，但他为南美洲人民所做的一切都被载入史册。

> 小知识：拉丁美洲是指美国以南的美洲地区，包括墨西哥、中美洲、西印度群岛和南美洲，共有33个国家及若干未独立地区。

只要西班牙压迫的枷锁未被打破，
我的灵魂和手臂就永不安息。

——西蒙·玻利瓦尔

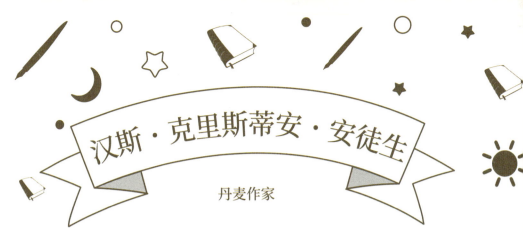

汉斯·克里斯蒂安·安徒生

丹麦作家

19世纪初，在丹麦欧登塞城一个贫穷的鞋匠家门口，围坐着一群小孩。他们穿着简朴，一看就是穷苦人家的孩子，不过此时他们每个人眼中都绽放着光芒。原来，他们在听另一个孩子绘声绘色地讲故事，那孩子讲得生动有趣，表演得惟妙惟肖，深深吸引了身边的小伙伴们。

这个讲故事的孩子就是鞋匠的儿子安徒生。

安徒生从小就喜欢文学，他的父亲总是给他讲很多民间故事。有一天，从哥本哈根来了一个剧团，给这些乡村孩子演了一出戏，安徒生从此爱上了表演。于是，他在14岁时独自前往哥本哈根，想在剧团当演员。

不过，安徒生长得不太好看，身材又高又瘦，剧团里难以找到适合他的角色。

失落之余，安徒生开始给剧团写剧本。可剧团觉得他的剧本写得太诗意了，不适合舞台演出。于是，安徒生又转去写诗歌，可人们也不太喜欢他的诗作。

接连的失败并没有让安徒生气馁，他又将目光转向了童话。要知道，当时童话在文学史上地位较低，大多被视为民间传说。安徒生将这些无人问津的民间传说，搜集整理并加以再创作，最终集结而成《安徒生童话》。

安徒生创作的童话不仅丰富了故事的内涵，还在形式上进行了精心修饰，从而提升了童话的艺术地位和质量。如今，《安徒生童话》已被翻译成150多种语言文字，成为孩子们的启蒙读物。

> 小知识：为了纪念著名丹麦童话作家安徒生，国际安徒生奖于1956年设立。该奖项被视为全球儿童文学界的最高荣誉，素有"儿童文学的诺贝尔奖"之称。

童话就藏在生活本身中，藏在我们周围的平凡事物里。

——汉斯·克里斯蒂安·安徒生

查理·罗伯特·达尔文

英国博物学家

1831 年，在英国港口停靠着一艘"贝格尔"号考察船，船员们在等待一个由植物学教授亨斯洛推荐来的年轻人，这个年轻人就是达尔文。

这次考察足足持续了5年，船上的生活枯燥、无聊，而且充满了艰辛，但达尔文毫不介意。每到一个地方，他都认真考察当地的动物和植物资源。

在南美洲，达尔文发现了古犰狳的化石，它们跟现代犰狳非常相似，但又有所不同。这让达尔文产生了一个猜想：现代的动物是不是由古代的动物变化而来的呢？

随后，在加拉帕戈斯群岛上，达尔文发现不同环境的小岛上的地雀具有不同的特征。这让达尔文对自己的猜想更加深信不疑：物种的形态等特征不是一成不变的，而是根据环境不断发生变化的。

5年的考察，不断涌现的事实证据都证实了他的这一观点。这让达尔文开始怀疑当时非常流行的"上帝造物"的神创论学说。

为此，达尔文写出了科学巨著《物种起源》的简要提纲，然后又花费了十几年的时间搜集证据，论证自己的观点，最终奠定了进化论的基础。这本书被誉为"影响世界历史进程的书"。达尔文大胆地推翻了"神创论"和物种不变理论，沉重打击了西方世界神权统治的根基。

如今，他的理论已经得到了发展和完善，但我们仍不应该忘记，曾有这样一个人，他大胆思考、勇敢实践，拨开了层层迷雾，让科学的光亮照向了我们。

小知识：进化论、细胞学说、能量守恒和转化定律被恩格斯誉为19世纪自然科学的三大发现。

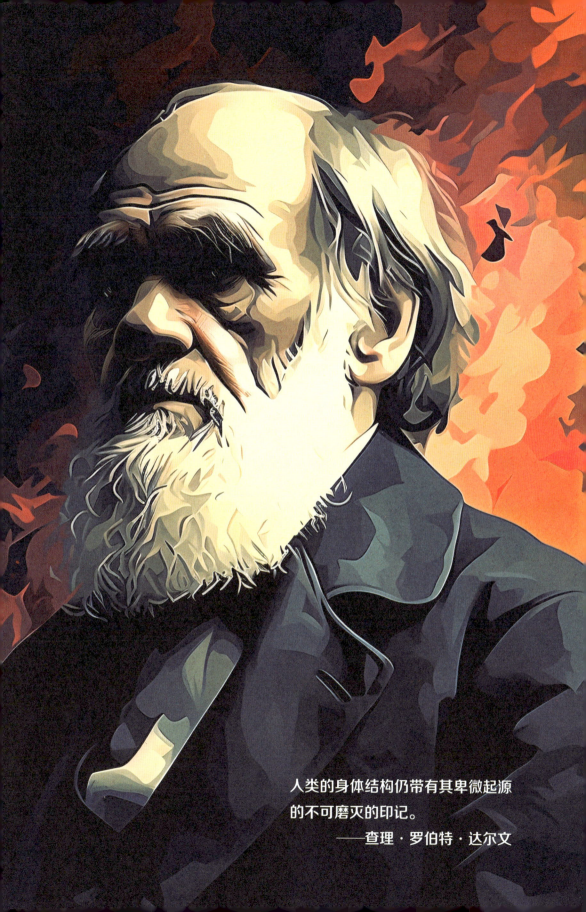

人类的身体结构仍带有其卑微起源
的不可磨灭的印记。
——查理·罗伯特·达尔文

理雅各

英国汉学家

19世纪后期，大量西方传教士涌入中国，他们希望来到这片广袤的东方土地传播基督教。在这股潮流中，不乏有被博大精深的中华文明所深深吸引的人，理雅各就是其中之一。

理雅各是一个学者型传教士，他在东方传教期间，不仅开办了教会学校，专门招收中国青少年，还深入接触到孔子的儒家思想。对此，他由衷地赞叹道："孔子是古代著作与事迹的保存者，中国黄金时代箴言的诠释者。过去，他是中国人中的典范；现在，正如所有人相信的那样，他又以最卓越、最崇高的身份，代表着人类最美的理想。"

在中国的那段时间，理雅各认识到中华文明与西方文明存在很大不同。他被这股强大的文明力量折服，决心译著中国古代典籍。

以往也有西方传教士试图翻译中国典籍，但由于他们对汉语不够精通，对儒学思想理解不够透彻，再加上辅助翻译的华人学识浅陋，使得译文词句粗劣，语义不通。

理雅各意识到这个问题，便邀请晚清思想家王韬帮助他搜集资料，详加考订。两人合力，历经几十年，终于成功翻译出了《中国经典》这部巨著。

回国后，理雅各大力主张加强对儒家思想和中国传统典籍的研究。当时，一些在中国担任外交官和经商的英国人，提议在牛津大学设立汉学讲座。理雅各顺理成章地成为该讲座的第一任教授。

理雅各用50多年的时间，架起了中西方文化交流的桥梁。如今，他的译本虽已经过去百年，但仍是中国经典典籍的标准译本之一。

> 小知识：理雅各与法国学者顾赛芬、德国学者卫礼贤并称汉籍欧译三大师。

老子的道教思想展示了一
种生活方式或方法，人们
应该将其培养为本性的最
高和最纯粹的发展。
　　　　　　——理雅各

卡尔·马克思

马克思主义创始人

19世纪初，工业革命波及德国，极大地推动了资本主义的发展。资本主义的盛行让资本家越来越富裕，也让底层劳动人民的生活越来越困苦。许多贫民为了能吃饱饭，不得不到森林里捡拾枯枝、采摘野果，甚至有人砍伐树木以换取金钱。

为了维护林木所有者的利益，当时的德国对擅自砍伐和盗窃树木者采取严厉的处罚措施。可是，砍伐树木的问题并没有被遏制，许多人故意这么做，就是为了能被送进监狱获得一口食物。

面对这种病态的社会现象，获得哲学博士学位不久的卡尔·马克思尽己所能，帮助贫民维护权利，他也因此失业。

1844年，失去经济来源的马克思在巴黎结识了恩格斯，从此开启了两人长达40年的深厚友谊，并肩奋斗终身。

恩格斯经常出钱资助马克思的活动与生活，也经常协助马克思撰写交给报社的文稿。

在恩格斯的帮助下，马克思完成了巨著《资本论》，创立了马克思主义学说。但马克思的哲学思想与资产阶级利益相冲突，这导致他被许多国家驱逐，四处流亡，他称自己是"世界公民"。

马克思对世界的贡献是巨大的，他提出历史唯物主义理论，认为社会制度和意识形态是由经济基础决定的。他批判资本主义，认为那是一种不公正的制度，通过剥削工人阶级来创造财富，并且坚信资产阶级的灭亡和无产阶级的胜利是必然的。

> 小知识：《资本论》是一本政治经济学著作，全书共三卷，以剩余价值为中心，对资本主义进行了彻底的批判。全书以唯物史观的基本思想作为指导，跨越了经济、政治、哲学等多个领域，是全世界无产阶级运动重要的思想理论基础。

经济基础决定上层建筑。
——卡尔·马克思

威廉·莫顿

美国医生

200年前的外科医生需要化身为"闪电侠"，主打一个"快"字。如果动作太慢的话，病人可能会因剧痛而死。当时，西方世界尚未发明麻醉剂，因此，外科医生又被戏称为"一个带着刀的野蛮人"。

这个问题不仅令病人备受煎熬，也困扰着医生。威廉·莫顿作为一名牙医，经常会遇到病人以疼痛为由拒绝拔牙。

为了止疼，莫顿开始用"笑气"当作麻醉剂进行试验。不过，"笑气"在当时被当作小丑的娱乐用品，并且效果不可控制。

在朋友的建议下，莫顿开始使用乙醚麻醉。他先拿自己的小狗做了实验，发现狗吸入乙醚后迅速昏睡过去。于是，他亲自试验——在纱布上倒了些乙醚，蒙住了自己的鼻子，结果他也很快昏倒了。幸亏纱布从他脸上滑落，否则他将持续吸入乙醚，后果不堪设想。这让莫顿意识到，乙醚是一种很好的麻醉剂，关键在于要控制好使用量。接着，他制作了一个专门的装置，来控制乙醚的吸入量。

有一天，一个病人哭喊着冲进莫顿的诊所，请求莫顿无论如何都要帮他拔掉坏牙。莫顿趁机说服他接受乙醚麻醉，并取得了临床试验的成功。

在波士顿公园矗立着一座纪念碑，它是为纪念乙醚在医学麻醉领域的开创性应用而设立的。碑上镌刻着：疼痛不会再有。这座纪念碑不仅是对乙醚的铭记，更是对医学探索精神的致敬。

小知识：笑气的化学名称是一氧化二氮，属于危险化学品，具有轻微麻醉作用，因为能使人发笑而被称为"笑气"。它进入人体血液后，会导致人体缺氧，长期接触此类气体存在生命危险。

在他以前，手术是一种酷刑；
从他以后，科学战胜了疼痛。
——威廉·莫顿墓志铭

陀思妥耶夫斯基

俄国作家

在西伯利亚，到处是冰天雪地和看不到尽头的苦役生涯。对陀思妥耶夫斯基来说，这里死气沉沉、枯燥乏味的生活，却成了他文学创作的重要转折点。

因为反对沙俄统治，陀思妥耶夫斯基被判处了死刑。行刑前，沙皇赦免了他和一众犯人的死刑，他因此捡回一条性命，被流放到西伯利亚苦役营。

青年时期，他就立志成为文学思想家，他凭借《穷人》一书在俄罗斯文坛大获成功。西伯利亚苦役营 10 年的艰辛生活没有磨灭他的文学梦想，反而让他看透了沙俄统治者落后腐朽的本质，自此他的思想产生了巨大变化。

从西伯利亚回到圣彼得堡后，陀思妥耶夫斯基和哥哥一起创办了《时代》杂志，并以极大的创作热情在上面发表了长篇小说《被侮辱与被损害的人》和《死屋手记》，产生了较大影响，他因此再度成为文学界的名人。然而，命运的打击并未就此停止，很快《时代》杂志因涉及敏感问题而被责令停刊。

不久之后，陀思妥耶夫斯基的妻子和哥哥也相继去世。他为了偿还欠下的高额债务，不得不答应出版社在半年之内写出一部长篇小说，可他当时正在写《罪与罚》，无暇再另写一部。于是，他雇了一个速记员，两个人工作效率极高，在一个月内完成了《赌徒》的写作。《罪与罚》出版之后大获成功，陀思妥耶夫斯基也因此坐稳了俄国文坛巨擘的位置，他的作品以深刻的思想内涵和独特的艺术风格，对世界文学的发展产生了深远影响。

> 小知识：沙俄是俄罗斯帝国的简称，指的是 1721 年彼得一世加冕为皇帝至 1917 年尼古拉二世退位时期的俄罗斯国家，同时也是俄罗斯历史上最后一个君主制国家。

苦难终将过去，而真理永恒。
——陀思妥耶夫斯基

路易斯·巴斯德

法国微生物学家、化学家

19世纪，狂犬病对人类来说是一种一旦发病就绝对致死的疾病，人们对它束手无策。有一天，一个伤势很重的男孩被送到巴斯德的实验室，巴斯德一眼就看出男孩的咬伤属于外伤，并不致命。但被疯狗啃咬得如此严重，极有可能会感染狂犬病，狂犬病一旦发作就必死无疑。这该怎么办呢？

此时的巴斯德还不知道狂犬病是由病毒引发的，但他通过无数实验得知，有侵染性的物质经过反复传代和干燥处理，会减轻毒性。

他曾经将含有病原的狂犬病延髓提取液多次注射到兔子体内，再把这些毒性变弱的液体注射给狗，狗便能抵抗正常强度的狂犬病侵染。

既然这个方法在狗身上适用，会不会同样适用于人体呢？眼看感染狂犬病的男孩危在旦夕，巴斯德果断将毒性弱化的液体注射给了这个孩子。结果，孩子得救了。

狂犬病疫苗的诞生是医学史上重要的里程碑，推动医学研究进入新的阶段。除此之外，巴斯德还攻克了鸡霍乱、炭疽病、蚕病等疾病，挽救了当时被这些疾病肆虐的家禽养殖业、畜牧业和丝绸行业。

巴斯德对细菌的研究源于他对微生物学的探索。他研究了微生物的类型、习性、营养、繁殖、作用等方面，奠定了工业微生物学和医学微生物学的基础，并开创了微生物生理学。其发明的巴氏消毒法至今仍被广泛应用。

小知识：巴氏消毒法，又称低温灭菌法，是一种利用较低的温度（一般为 60℃—90℃），既能杀死病菌又能保持食物中营养物质及风味不变的消毒方法。

科学无国界，因为知识属于全人类，是照亮世界的火炬。
——路易斯·巴斯德

格雷戈尔·孟德尔

奥地利遗传学家

孟德尔年少时就对自然科学产生了浓厚的兴趣。

25 岁时，他参加了教师岗位的考试。具有讽刺意味的是，他竟然在生物考试上栽了大跟头。好在孟德尔在布龙的修道院获得过牧师职位，修道院院长许诺送他到维也纳大学深造，他花了 3 年时间学完全部课程，然后到布龙的一所高中担任自然科学老师。

孟德尔在布龙的修道院小花园里，栽种了 7 个品种的豌豆，它们在植株高矮、种皮颜色、豆荚形状以及花朵在茎干上的生长位置等方面各不相同。然后，在助手的帮助下，他将这 7 个品种的豌豆两两杂交，最终培养出 3 万株杂交后代豌豆。

在长达 7 年的时间里，他日复一日、不厌其烦地记录下植株后代每一个微小的变化。

孟德尔专注于研究生物体的显著个体性状，如紫花或白花，圆种或皱种。在总结遗传规律的过程中，他使用了统计学数据和比例关系，最终得出了遗传学两条基本定律，即分离定律和自由组合定律。

1866 年，孟德尔的论文《杂交植物的实验》发表。他将论文复印稿寄给了当时最顶尖的 40 位科学家和植物学家。可惜，他的研究方法过于超前，没有人理解他的理论。

尽管如此，孟德尔仍旧坚信自己的成就将被后世肯定。在逝世前几周，他充满信心地说："我对我的科学成就满意之至。看吧，属于我的时代就要到了。"

如今，孟德尔的遗传定律对植物栽种和家畜饲养等领域具有深远影响。

小知识：遗传学是探究生物遗传和变异规律的科学，杂交是遗传学研究的常用手段之一。

我相信科学界终将承认我的工作。

——格雷戈尔·孟德尔

阿尔弗雷德·诺贝尔

瑞典化学家、诺贝尔奖创始人

你知道诺贝尔奖吗？它是迄今为止世界上最重要的科学奖励系统之一，获奖成果基本代表了人类科学研究的最新成就。

诺贝尔奖的创始人就是阿尔弗雷德·诺贝尔。

诺贝尔从小体弱多病，仅接受过一年的学校教育。但他高度自律，在家自学了文学、化学和物理等多门课程。他的父亲是个非常有才干的发明家，专注于化学研究，尤其喜欢研究炸药。诺贝尔自幼受到父亲影响，对炸药产生了浓厚兴趣。

不幸的是，在研制炸药的过程中，他的父亲被炸成重伤，弟弟被炸死，家里的工厂也因为意外爆炸而破产。正是在这时，诺贝尔决心研制出安全、稳定且威力更大的炸药。

几年后，诺贝尔发现，当硝化甘油加入一种吸收性惰性物质（如硅镍土）时，会变得更安全、更方便处理。随后，他将硝化甘油与火棉结合，制成了一种既具有强大爆炸力又安全可靠的新型炸药——爆破明胶。

1887 年，诺贝尔开始发明用来制造军用炮弹、手雷和弹药的无烟炸药。

诺贝尔一生共获得 299 项发明专利，涉及化工、机械、电气、医疗等多个领域，其中 129 项发明是与炸药相关的。他也因此被称为"炸药大王""现代炸药之父"。

诺贝尔的一生成就卓越，但他始终淡泊名利。逝世前，立下遗嘱，将自己大部分财产捐献出来设立基金，规定将每年投资所得利息作为奖金，授予那些对人类有重大贡献的人。

> **小知识：**诺贝尔奖共包括诺贝尔物理学奖、诺贝尔化学奖、诺贝尔和平奖、诺贝尔生理学或医学奖、诺贝尔文学奖和诺贝尔经济学奖。其中，诺贝尔经济学奖并非诺贝尔遗嘱设立的奖项，而是瑞典国家银行在 1968 年增设的。

我的全部剩余财产将用于奖励在前
一年为人类带来最大利益的人。
——阿尔弗雷德·诺贝尔

安德鲁·卡耐基

美国钢铁大亨、慈善家

1848 年，安德鲁·卡耐基跟随父母来到美国，可来到这里并没有改变卡耐基贫穷的家庭状况。他必须每天出去打工，以赚取每小时 2 美分的工资贴补家用。

有一天，他养的兔子生了一窝小兔子，但他没有足够的钱购买食物来养活这么多兔子。于是，他邀请邻居家的孩子们来参观这些可爱的小兔子，并告诉大家："谁能提供足够的食物来喂养小兔子，那么小兔子就用谁的名字来命名，以此表达感谢。"

孩子们争先恐后地挑选自己喜欢的小兔子认养。卡耐基凭借这一巧妙的命名办法，解决了喂养小兔子的难题。

1865 年，卡耐基转行进入钢铁产业。当时的美国政府打算修建一条铁路，卡耐基决定争取这条铁路上的火车卧铺车厢合同，而他的竞争对手普尔曼也看好了这个项目。为了赢得竞争，两人陷入了价格持久战。最后，卡耐基决定跟对手合作，并提议以普尔曼的名字命名公司，将竞争关系转变为共赢。普尔曼欣然接受了这个提议。

卡耐基凭借出色的商业手段，通过一轮又一轮的商业合并，逐步崛起，最终成为赫赫有名的"钢铁大王"。

到了晚年，卡耐基深刻领悟到"在巨富中去世是可耻的"，于是他将自己的个人财产悉数捐赠，全心全意投入慈善事业。为了帮助那些志向远大却家境贫困的年轻人，卡耐基开始了捐赠图书馆的事业。这项事业持续了 16 年，共兴建了 3500 座图书馆，卡耐基也因此被誉为"美国慈善事业之父"。

小知识：石油大亨约翰·洛克菲勒、钢铁大亨安德鲁·卡耐基和金融巨头约翰·摩根，被称为美国商业三巨头。

成功是得到你想要的，快乐是
珍惜你拥有的。
　　　　　　──安德鲁·卡耐基

奥利弗·温德尔·霍姆斯

美国法官

美国内战中，他屡次出生入死，三次身负重伤。战争结束后，他毅然投身法律事业，其所著的《普通法》成为美国法理学领域的历史文献性著作。

这位充满传奇色彩、改写美国法律史的人就是奥利弗·温德尔·霍姆斯。

霍姆斯希望通过法律手段维护正义，他从哈佛大学法学院毕业之后，与朋友合伙开了一家律师事务所。之后，他又参与了《美国法律评论》的编辑工作，在接下来的几年里撰写了多篇论文。鉴于他在法律学术界的巨大影响力，哈佛大学聘请他到法学院执教，担任教授一职。执教期间，霍姆斯不是简单地给学生灌输知识，而是注重培养学生独立思考的能力。他的教学方法和教育思想成为美国教育改革的重要参考标准。

然而，对霍姆斯来说，这些远远不够。当时美国法律审判体系教条、死板，过于依赖书本条文，而这种状况远非一个普通律师能够改变的。

所以，当马萨诸塞州最高法院法官席位出现空缺时，霍姆斯迫不及待地去应聘，并通过层层筛选争取到这个职位。

1902 年，霍姆斯被任命为美国联邦最高法院大法官，有了实际职务后，他开始实践法律实证主义的思想，主张制定法律要基于事实而不是理论，法官应根据实际情况作出判断，不能盲目遵循过去的先例或预设的结果。

霍姆斯对法律的实证主义解释和现实主义判断，成为美国法律发展的基石，推动了司法学向现代转型。

> 小知识：美国实行三权分立制度，三权分立是指立法、行政、司法三种国家权力分别由三种不同职能的国家机关行使，三者相互制约和平衡。这是资本主义国家的一种重要政治原则和政治制度。

罪恶有许多工具，但谎言是适
合所有工具的手柄。
——奥利弗·温德尔·霍姆斯

弗里德里希·尼采

德国哲学家

父亲早逝，使得原本优渥的生活一去不复返，弟弟2岁时夭折，一连串巨大的人生变故发生在年仅5岁的尼采身上，让本就忧郁内向的他，变得更加孤独、脆弱。

青少年时期的尼采热衷于文学和音乐，他在学校里很少和朋友们一起玩耍，更不愿意接近陌生人。大学期间，尼采在一个旧书摊偶然购得叔本华的书籍，从此醉心于叔本华的哲学。

24岁时，尼采被聘为瑞士巴塞尔大学古典语言学副教授，并参加了普法战争。

1870年，他写出了《悲剧的诞生》，之后几年间他又发表了几篇有关文化批判的长文，并将其编辑成《不合时宜的思考》。不过，由于他的理论和当时德国主流学术界的观点相背离，尼采的名誉受到了很大的损伤。

接着，尼采开始追寻自己独立的哲学思想。他主张"上帝已死"，试图瓦解西方宗教信仰体系，追求人的自由意志，不应该把人的价值、人的一切寄托在虚无缥缈的上帝身上，他强烈地批判西方传统道德所崇尚的美德，认为这些美德压抑了人的本能。总的来说，尼采的哲学就是要鼓励人们发挥自己的力量，不要害怕做自己，要勇于追求自己的梦想，创造新的东西。

可是对当时的人们来说，尼采的思想过于超前，导致他长期不被人理解。尼采因无法忍受长时间的孤独，在街上抱住一匹正被马夫虐待的马，失去了理智，住进了精神病院。尼采是极具开创性的伟大哲学家，他打破传统思想桎梏，唤醒人们对自我价值的重新审视，为后世哲学、文学、艺术等领域注入了革命性的思想活力。

> 小知识：《悲剧的诞生》是尼采的一部著作。这本书探讨了悲剧这一剧种在古希腊时期的发展情况，以及在人类文化中的重要性。

不能听命于自己者，就要受命于他人。
——弗里德里希·尼采

亚历山大·格雷厄姆·贝尔

美国发明家

贝尔的父亲是一位矫正说话障碍、教授聋哑人知识的专家，唯有他能和贝尔几乎完全失聪的母亲很好地交流。受家庭环境的影响，贝尔对声学试验产生了特殊的兴趣。

贝尔专门训练耳聋的孩子，教他们理解发音，并通过判断别人的唇形练习说话。很多聋哑儿童的父母慕名而来，其中一位富商也请贝尔教他的女儿梅布尔·哈伯德说话。出人意料的是，贝尔爱上了梅布尔，后来两人结为了夫妻。

贝尔除了教聋哑人说话，还对电报非常感兴趣。有一次，他在做电报实验时，发现一块铁片在磁铁前振动会发出微弱声音，并且这种声音能通过导线传向远方。这让贝尔受到了很大的启发，催生了他对电话最初的构想。贝尔的这一想法得到了著名物理学家约瑟夫·亨利的支持。于是，贝尔开始刻苦学习电学知识，不断进行关于电话的实验。梅布尔也在贝尔遇到挫折和困难时，给予他无限的鼓励。

有一次，贝尔在做实验时，不小心把硫酸溅到了腿上，他疼得大喊大叫起来："沃森先生，快来帮我啊！"

谁知，这句话竟成了人类通过电话传送的第一段声音。因为在另一个房间里的助手沃森，正通过话筒接收声音，恰巧听到了贝尔的这句话。

贝尔在得知自己研制的电话能够传送声音后，激动得热泪盈眶。他在给母亲的信中写道："朋友们各自留在家里，不用出门也能互相交谈的日子就要到来了！"

> 小知识：最早的电话是通过模拟通信传递声音的。话筒中的声音波动使振动膜振动，改变了电流，然后电流通过电话线传输到接收方。接收方的听筒依据电流变化再次驱动振动膜，重建声音，从而让接收方听到声音。

一扇门关闭，另一扇会打开；但
我们常久久懊悔于关闭的门，却
看不见已开启的门。
——亚历山大·格雷厄姆·贝尔

文森特·凡·高

荷兰画家

安特卫普美术学院有一位特殊的学生——他已经 33 岁了。院长莱维特看过他的画后留下了嘲讽的话语，认为他应该先去报个少年兴趣班。

这位被讥讽的人正是鼎鼎大名的后印象派画家凡·高。

实际上，在凡·高的人生中，不被人认可已经是常态了。他总是与周围的人格格不入，他曾自述道："我是一个无名小卒，一个怪人，或者一个令人讨厌的人。在社会中永远也不会获得地位，我处于底层中的最底层。"

凡·高做过很多工作，他当过画廊从业者、助理教师、书店店员以及牧师，但一个拥有激情的艺术家并不适合这些职业，这也导致他的生活充满坎坷。内心世界的拉扯让凡·高患上了精神疾病。后来，他开始画画，从 27 岁到 37 岁，十年间创作了 2100 多幅画。

凡·高生活的年代，新古典主义才是欧洲绘画的主流审美标准，讲究人物肌肉和线条逼真精准。但凡·高讨厌这种精确，他觉得绘画应该表达感觉和激情，充满天然的悲悯情怀和苦难意识。所以，他的画作在当时无人欣赏，他在世时只卖出了一幅画。

凡·高人生中最后的时光是在疗养院中度过的，他借着发病的间隙疯狂作画，似乎要把自己的思想永远留在这世间。如今，凡·高作品中的生命力被人们感知，他的一幅画作已经卖到上千万美元，他更成为后印象派的代表画家。

> 小知识：印象画派是 19 世纪下半叶在法国兴起的画派。这一画派一反当时学院派以宗教、神话等为主题的创作要求以及传统用色法，热衷于在户外光照下直接描绘景物，捕捉对景物光色变化的瞬间印象，对绘画技法的革新产生了很大影响。后期印象画派，简称后印象派。

如果你真正热爱大自然，你会发
现处处都有美丽。

——文森特·凡·高

尼古拉·特斯拉

塞尔维亚裔美国发明家、
物理学家

他制造出世界上第一艘无线电遥控船，并早于伽利尔摩·马可尼研究电磁波传输，但两人在无线电技术发展上各自独立。

他发明了多相交流感应电动机，既使交流电得以广泛应用，又为现代电力系统奠定了基础。

他一生约获 300 项专利，然而他并没有家财万贯。

他就是尼古拉·特斯拉。

28 岁的特斯拉远离家乡，踏上美国国土，打算在这里大展拳脚。除了前雇主写给托马斯·爱迪生的推荐信，他一无所有。推荐信中是这么写的："我知道有两个伟大的人，一个是你，另一个就是这个年轻人。"

于是，爱迪生雇用了特斯拉。但因为两人的想法不一致，不久特斯拉便与爱迪生分道扬镳。特斯拉仅用两年时间就成立了自己的公司，并用他发明的特斯拉线圈生产交流电力，这与爱迪生的直流电展开了激烈的市场竞争。

由于交流电在当时能产生更多廉价的电力，因此特斯拉拿下了 1893 年芝加哥世博会的照明工程，并借此机会向公众展示交流电的可靠性和安全性。

在这场著名的"电流之战"中，特斯拉取得了决定性优势。

小知识：特斯拉线圈是一种电器设备，用于产生高频高压电流，这些电流通常以漂亮的电弧及类似闪电般的放电现象呈现。

现在是他们的；而我真正为之奋
斗的未来，是属于我的。
　　　　　　——尼古拉·特斯拉

亨利·福特

福特汽车公司创始人

你知道汽车诞生之初是什么样子吗？它时速不到 20 千米，只有 3 个轮子，开起来非常颠簸，人们坐在上面非常不舒服，噪声也很大，而且开不了多远就容易发生故障，与我们现在乘坐的汽车有着天壤之别。

所以，汽车问世之初，根本没有人想过要把它变成一种大规模生产的工业品，直到亨利·福特制造出了他的第一辆汽车，并将其命名为"四轮车"。

在这之后，福特开启了他的汽车事业。他先是在底特律汽车公司做工程师，然而，这家公司很快就倒闭了。随后，福特与投资人成立了新的公司——亨利·福特公司，这家公司专门为赛车比赛打造新车型，但这家公司没多久就将福特踢出局，并将公司名改为凯迪拉克。

福特并没有被这些挫折打败，他又成立了福特汽车公司，并推出了著名的 ModelT 型车。这款车型在当时堪称惊艳，时速已经能达到 72 千米，还有风挡玻璃、车灯、钢制轮毂和悬挂系统等"高端配置"，且故障率和行车风险都大大降低了。其售价仅有 825 美元，这一价格相当于当时美国中产阶级一个人不到 2 年的收入。

可是，福特并不满足于此，他要实现汽车大规模生产的目标。于是，福特开始打造流水装配线，他将汽车的组装拆分成多个小步骤，在流水线上，一个工人只需要完成特定的装配任务，极大地提高了生产效率，组装一辆 ModelT 型车的时间得以大大缩短。批量化、大规模生产，让 ModelT 型车的售价一路降到 300 美元左右。

福特虽然没有发明汽车，但他让汽车成为真正意义上的交通工具。

> 小知识：流水线是一种工业上的生产方式，指将一个产品的生产流程拆解开，每个生产单位仅负责处理特定环节的工作，以提高工作效率和产量。

无论你认为自己能或不能，你都是对的。

——亨利·福特

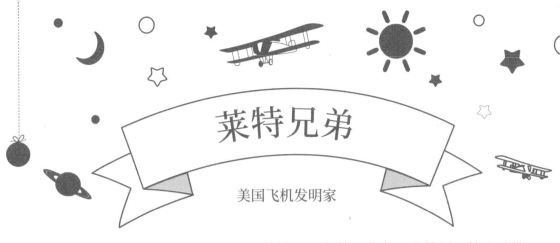

莱特兄弟

美国飞机发明家

1903年12月17日的清晨，在美国北卡罗来纳州一处空旷的沙滩上，静静地停放着一个带着巨大双翼的怪家伙，这就是人类历史上第一架飞机——飞行者一号。当日的天气十分寒冷，刮着大风，现场只有6个人，其中两人正是这架飞机的发明者莱特兄弟——威尔伯和奥维尔。

奥维尔首先驾驶"飞行者一号"，在山丘上缓缓滑下，然后像鸟儿一样离地飞上了天空。虽然飞机跌跌撞撞，但是它持续在空中飞行了12秒，飞行距离达36.5米。接着，兄弟两人交替飞行了3次，最成功的纪录是飞行59秒，飞行距离260米。

人类历史上的第一架飞机虽然简陋，但是现代飞机用于转弯和做机动动作的主要控制原理，其雏形都能在这架飞机上找到。

莱特兄弟的成功并非一蹴而就。兄弟俩相差5岁，都痴迷于机械。在他们小的时候，有一年爸爸给他们带回来一个橡皮筋动力飞行玩具，可以飞上天空。兄弟俩由此发现，原来除了鸟类，人工制造的东西也能飞上天。两个小家伙从此在心里种下了飞天的种子。

两兄弟间的默契无人能及，哥哥细致谨慎，弟弟敢于创新。两颗智慧大脑的碰撞，必然会擦出不一样的火花。

正是凭借着共同的兴趣和心有灵犀的默契，兄弟俩经过十几年的钻研，终于实现了人类翱翔天空的梦想。

> 小知识：飞机通过发动机产生前进的推力，因机翼的形状（如通常上凸下平）特殊，使得气流流经机翼上下表面时，上表面气流流速快、压强小，下表面气流流速慢、压强大，从而产生升力，实现飞机在大气层内飞行。

飞行曾是人们眼中的不可能
之事，直到有人尝试之前。
——莱特兄弟

弗兰克·劳埃德·赖特

美国建筑师

他是一个充满争议的建筑大师，被誉为建筑界的"浪子"，他就是弗兰克·劳埃德·赖特。

1871 年，芝加哥发生了一场特大火灾，毁掉了三分之一的城市建筑，来自整个美国的大批资金与援助涌进了芝加哥。这场灾难意外催生了美国史上最活跃的重建浪潮，年轻的建筑人才纷纷涌入这座亟待新生的城市。1886 年，赖特看到芝加哥建筑市场的机会，放弃了建筑学院的功课，辍学去给建筑公司画图纸，并得到了建筑大亨的赏识，直接获得入职的机会。

1906 年，赖特设计了一座突破性的联合教堂。他一改哥特式尖塔和斜坡顶的设计风格，把教堂设计成平顶方形，外部采用素雅的灰白色混凝土，内部则是温暖的棕黄木头装饰。这在当时引发了很大争议，赖特却淡淡地说："让建筑自己说话。"

后来，赖特所倡导的这种具有独特风格的建筑被称为草原式住宅，他也成为这一风格的代表性人物。

赖特一直想拥有一座属于自己的庄园，于是他设计并建造了塔里埃森庄园。又过了几年，赖特向全世界公开招股，宣布要在塔里埃森建造一所建筑学校，学生们可以在这里"边做边学"。比如，赖特想建造一个厨房，学生们便可以在现场直接参与建造过程。赖特的愿景是让这所学校成为实践与理论相结合的典范。

虽然赖特的一生充满争议，但是他留下了 500 多座改变美国现代建筑发展进程的建筑。

小知识：赖特的建筑理念是创建与自然环境相和谐的建筑。他主张建筑应与环境协调一致，设计应该源于场地独有的特征。

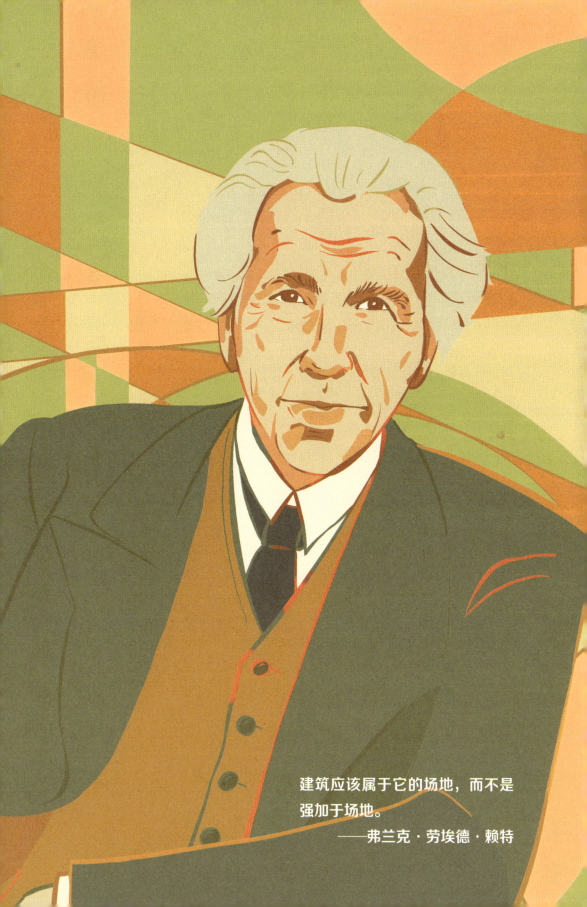

建筑应该属于它的场地，而不是
强加于场地。

——弗兰克·劳埃德·赖特

马克西姆·高尔基

苏联作家

在尚未进行红色革命的沙俄，一个男孩在垃圾堆里捡垃圾。他虽然年纪不大，但已经先后当过信使、厨房杂工、售货员，还在面包店做过学徒，在工地、铁路和律师事务所都做过杂役工作。

这个男孩就是马克西姆·高尔基。

高尔基小小年纪便踏入社会谋生，主要是因为出现了家庭变故与贫困。他幼年丧父，随后母亲改嫁，母亲因病离世后，他寄居在外祖父母家。尽管外祖母以民间故事和温情短暂滋养了他，但外祖父的暴戾与家道中落，最终迫使高尔基离家谋生。

高尔基从小就接触到社会最底层的民众，目睹了沙俄各行各业劳动人民的悲苦。这促使他成年后积极投身革命活动，拥护对社会底层群众有利的革命。

1905 年，俄国第一次大革命爆发，高尔基参加了革命游行示威活动，亲身感受到了工人学生运动的磅礴气势，目睹了沙俄政府镇压学生运动的残暴罪行，高尔基创作的散文诗《海燕》中的那句"让暴风雨来得更猛烈些吧"，成为无产阶级革命战斗的檄文。

高尔基的作品对苏联社会主义现实主义文学产生了深远的影响，他被认为是这一文学流派的奠基人之一。

> 小知识：1901 年，欧洲工业危机波及俄国，导致俄国众多工厂纷纷倒闭，大量工人失业。加之沙皇的黑暗统治，1905 年俄国爆发革命。这次革命虽以失败告终，却为 1917 年的俄国十月革命奠定了坚实基础。

书籍是人类进步的阶梯。

——马克西姆·高尔基

莫汉达斯·卡拉姆昌德·甘地

印度民族运动领袖

1930 年的一个清晨，印度的萨巴尔马蒂静修所中数十人列队出发，在炎炎烈日下朝遥远的海边走去。他们打算去海边煮盐。

当时的印度是英国的殖民地，英国殖民当局为了加强对印度的剥削，制定了《食盐专营法》，大幅度提高食盐的价格和税收。

为了抗议这一不合理的法案，甘地发起了"食盐进军"，他花了24天时间徒步走到海边。追随他的人从最初的数十人增加到1000多人。他们通过发动沿海居民开展自制食盐的行动、在印度各地举行和平游行示威等方式，以非暴力的形式逼迫殖民者让步。

为此，殖民者恼羞成怒，派出警察殴打手无寸铁的百姓，还把甘地抓了起来。谁知，这反而激起了印度人民的反抗精神，他们赤手空拳、高喊着口号，与有强劲武装力量的敌人对峙。参加运动的人喊着甘地的名字走进监狱，将监狱看作朝圣的圣地。

甘地在印度掀起的这场"非暴力不合作"运动，迫使英国殖民者让步，最终将他释放。

然而，甘地的目的不仅是让殖民者废除不合理的《食盐专营法》，更是希望通过这种和平不流血的方式，争取印度的独立。这场食盐进军运动极大地动摇了英国在印度的统治根基，但印度独立最终却伴随印巴分治的悲剧而实现，大量民众因宗教冲突被迫迁徙，造成了难以估量的人道主义灾难。

甘地被大家尊称为"圣雄甘地"，"圣雄"意思是甘地具有伟大的灵魂。他为世界提供了和平解决变革的方法，是值得人们尊敬的民族英雄。

> 小知识：非暴力不合作运动是20世纪上半叶印度人民以和平方式开展的反对英国殖民统治的一场伟大斗争。由印度民族解放运动领袖甘地倡导，他基于"非暴力"的哲学思想，主张印度人民采取总罢业、和平示威、抵制英货、拒绝为英国殖民政府机关服务等群众性斗争方式，来反抗英国的殖民统治，争取印度的民族独立。

如果你想改变世界，那就先从改变
自己做起。
——莫汉达斯·卡拉姆昌德·甘地

伽利尔摩·马可尼

意大利工程师

1888年，德国物理学家赫兹首次证实了电磁波的存在。6年后，一个刚满20岁的小伙子读到了赫兹的实验报告，他认为既然赫兹能在几米外测出电磁波，那么只要有足够灵敏的检波器，就能在更远的地方测出电磁波。于是他决定亲自动手做实验，尝试捕捉更远地方的电磁波。

这个小伙子就是伽利尔摩·马可尼。

马可尼的父亲觉得他是个"不切实际的空想家"，而且马可尼前期折腾了许久也没有成功，更坐实了父亲对他的看法。然而，几经失败后，马可尼成功地在自家楼下接收到了上一层楼发射出的电波信号。实验的成功让父亲对他有了改观，开始出钱资助马可尼更新设备。

有了父亲的支持，马可尼开始搜集大量相关资料，并进行认真分析，结合许多研究人员的成果，改进自己的机器。

他首先改进了检波器，在玻璃管中加入了少量银粉，与镍粉混合，再把玻璃管中的空气排净，提高了检波器的灵敏度。接着，他用一块大铁板作为发射的天线，再把天线挂在一棵大树上，增加发射信号的功率。

马可尼把发射机放在一座山的后面，将检波器放在家中，两者相距2000多米。当他的助手从山的另一边发送信号时，检波器的电铃竟然在电波带动下发出了悦耳的声响。

马可尼的实验成功了。此后，他不断改进装置，电波接收距离不断刷新纪录。

小知识：无线电通信是指利用无线电波在自由空间中的传播来传送声音、文字、数据和图像等信息的通信方式，是远程、越洋、航空、航海、宇宙航行等领域的主要通信手段。

在新时代，思想将会通过无线电传播。

——伽利尔摩·马可尼

阿尔伯特·爱因斯坦

物理学家

$E = mc^2$

　　布拉格大学的校长收到了一封推荐信，推荐人是当时著名的科学家马克斯·普朗克。校长非常好奇，究竟是什么人值得普朗克推荐过来当教授，更何况他还如此年轻。校长打开信，被信中的内容深深震撼了，普朗克写道："要对爱因斯坦的理论做出中肯评价的话，那么可以把他比作20世纪的哥白尼。这也正是我所期望的评价。"

　　这时，校长才了解到这位名叫爱因斯坦的学者在物理学方面取得的重大突破。他创立了狭义相对论，彻底改变了牛顿的绝对时空理论，揭示了时间与空间的相对性。狭义相对论一经公布就震动了物理学界，难怪普朗克要极力推荐爱因斯坦来布拉格大学。

　　可是，相对论的原理太抽象了，它在当时更多地停留在理论层面，很多人都难以理解这种高深的学术知识。面对来提问的大学生，爱因斯坦会用通俗的语言来解释相对论。

　　有关相对论最著名的比喻就是："如果让你在一个漂亮姑娘旁边坐两个小时，你可能会觉得只是过了一分钟；如果让你挨着一个火炉坐一分钟，你却觉得好像过了两个小时。"

　　在狭义相对论之后，爱因斯坦又提出了广义相对论。1919年5月，英国天文学家亚瑟·爱丁顿等人利用日全食的机会，通过天文观测成功验证了广义相对论的结论。爱因斯坦从此声名鹊起，人们普遍称赞他是"20世纪的牛顿"。

　　小知识：相对论是关于时空和引力的理论，是现代物理学的理论基础之一。相对论极大地改变了人类对宇宙和自然的"常识性"观念，提出了"四维时空""弯曲时空"等全新的概念。

我没有特殊才能，我只是激情般的好奇。
——阿尔伯特·爱因斯坦

阿尔弗雷德·洛塔尔·魏格纳

德国气象学家、地球物理学家

1910 年的一天，德国年轻的气象学家魏格纳躺在床上休息时，无聊地凝视着墙上的一幅世界地图。忽然，他发现大西洋两岸的轮廓好像可以重合。最不可思议的是，南美洲巴西海岸的每一个突出点，在非洲的喀麦隆海岸都有一个与之相对应的缺口。魏格纳不禁产生了一个猜想：非洲大陆和南美洲大陆曾经是不是连在一起的？

为了证实这个猜想，魏格纳追踪了大西洋两岸的山系和地层，惊人地发现两者之间的岩石结构和构造彼此吻合。因此，他提出了"大陆漂移说"，并做了一个简单的比喻。

就像把两片撕开的报纸重新拼在一起，不仅边缘契合，连上面的文字也能连接起来，这意味着这两片撕碎的报纸曾经是同一张报纸。同理，大西洋两岸如此契合的地形特征，极有可能暗示着它们曾经是一个整体。

为了进一步证明自己的猜想，魏格纳又去考察了岩石中的化石。有趣的是，有一种庭院蜗牛分布于英国、德国等欧洲地区，但它同样分布于大西洋对岸的北美洲。爬得那么慢的蜗牛是如何跨越大西洋，同时存在于两地之间的呢？

这些证据都表明，远古时期地球上的大陆可能是完整的一块，后来因为各种原因，分裂成了我们现在所熟知的样子。

1915 年，魏格纳的著作《海陆的起源》问世，这部著作向世人阐述了他的大陆漂移学说。可是，无论他提出多少证据，当时的人都拒绝承认这一发现的合理性。直到后来有更为先进的技术证实了地球上的大陆是在缓慢而不间断运动的，"大陆漂移学说"才逐渐走进人们的视野。

> 小知识：大陆在漫长的地质历史中曾经历过多次连接和分裂，而这个过程发生在数亿年的时间尺度上。最早的大陆形成可追溯至约 35 亿年前，当时地球上的岩石开始凝结并聚集成陆地。这些早期的大陆碎片在漫长的岁月中不断合并和分裂。

如同将撕裂的报纸参差不齐的断边拼接，若印刷文字与图形完美吻合，我们必须承认这两片报纸原本相连。

——阿尔弗雷德·洛塔尔·魏格纳

鲁迅

中国文学家、思想家、
现代文学的奠基人之一

在日本仙台医学院的一间教室里，正在放映一部日俄战争的影片，画面中却是一个中国人被日本士兵砍头示众。周围站着许多围观的中国人，可他们个个无动于衷，表情麻木。这时，教室里的一个日本学生说道："看这些中国人麻木的样子，就知道中国一定会灭亡！"

"噌"的一下，一名中国学生站了起来，他目光坚毅地朝那个日本人看去。他意识到，如果中国人的思想不觉悟，即使学医治好了他们的身体，也无法拯救他们的精神。面对列强侵略，他们也只能是麻木不仁的看客。为了改变国人的精神面貌，他决定弃医从文，用手中的笔唤醒中国人民。

这个人就是鲁迅。

鲁迅原名周树人，出生于积贫积弱、内忧外患时期的中国。1918 年，他以"鲁迅"为笔名，发表了中国现代文学史上第一篇用现代体创作的白话短篇小说《狂人日记》。从此，他在文学创作、文学批评、思想研究、文学史研究、翻译、美术理论引进、基础科学介绍和古籍校勘等多个领域取得重大贡献。而他所做的这一切，都是为了在民族危亡时刻唤起国人思想上的觉醒，他从治疗人身体疾病的医生，变成了为中华民族诊脉、看病的思想引领者。

鲁迅对中国社会思想文化的发展具有重大影响，声名远播至世界文坛，对日本、韩国也有重要影响。

毛泽东曾评价："鲁迅的方向，就是中华民族新文化的方向。"

小知识：日俄战争爆发于 1904 年—1905 年，是日本和沙俄帝国为争夺朝鲜半岛和中国东北而进行的战争。这场战争虽然是日俄之间的冲突，却发生在中国大地上，给中国人民带来了深重灾难。战争以沙俄失败而告终。日俄战争后，日本加紧了对中国的侵略步伐。

横眉冷对千夫指，俯首甘为孺子牛。

——鲁迅

巴勃罗·毕加索

西班牙画家、雕塑家

他被誉为"天才"，纸张在他手里就像被赋予了生命，变成栩栩如生的作品。

可他不是一个"好学生"，听课对他来说是一种折磨。他宁愿被老师关在禁闭室里，拿一叠纸、一支笔，安安静静地把脑袋里那些奇思妙想变成色彩斑斓的画作。

他在8岁时完成第一幅油画作品，14岁时破格进入巴塞罗那美术学院。

这个"神童"就是巴勃罗·毕加索。

毕加索开创了极具影响力的"立体主义"风格，他通过独特视角，运用多种角度和形状拆解、重构物体，这种创新理念彻底改变了传统绘画对物体的呈现方式，对后续艺术发展产生了深远影响。

在立体主义创作理念的基础上，他还涉足"抽象派"艺术领域。他以独特视角进行探索创作，其作品中虽充满奇特的形状与色彩组合，却能精准传达出丰富的情感与深刻的思想。

毕加索画了很多自画像，每幅自画像都展示了他不同时期的不同情感。他还画了许多关于战争与和平的作品，这些作品传达了他对世界的担忧。

毕加索作为现代艺术的创始人之一，无疑也是西方最具有创造性和影响力的艺术家之一。

小知识：抽象派画作的特点是将艺术从现实世界中抽象出来，不再直接描绘可识别的物体或场景。这一运动旨在表达艺术家的情感、观念和思想，而不受现实世界的约束。

我花了一生时间学习像孩子一样画画。
——巴勃罗·毕加索

亚历山大·弗莱明

英国细菌学家、
青霉素的发现者

弗莱明幼年丧父，被大哥和母亲抚养长大。清贫的生活让他无力承担大学的学费。幸运的是，弗莱明终身未婚的伯父给他留下了一笔可观的遗产，这让弗莱明得以就读医学院。

毕业后，弗莱明跟随英国著名传染病学家赖特从事免疫学研究。

一次，弗莱明无意中发现，一个装有金黄色葡萄球菌培养皿的盖子没盖好，导致霉菌潜入培养皿中，长出了一团青绿色的霉花。弗莱明立即对这只培养皿进行认真的观察，发现青色霉菌周围有一圈空白的环状带，而分布在这一区域的葡萄球菌已经消失得无影无踪。弗莱明意识到，这种霉菌一定具有某种强大的杀菌作用。

为了验证自己的猜想，他马上培育了大量的青色霉菌，并将其分别放入了葡萄球菌、白喉菌、肺炎病菌、链状球菌、炭疽杆菌的培养环境中，结果发现这些致命菌在接触青色霉菌后均被抑制或灭杀。

弗莱明将从青色的霉菌中分泌出的极具杀伤力的物质命名为"盘尼西林"，也就是青霉素。他很快又跟同事们进行了大量的实验和研究，均证明青霉素有杀菌作用。

不过，弗莱明没有找到批量分离青霉素的方法，并且葡萄球菌在接触青霉素后，会快速产生抗性，这使弗莱明的发现迟迟没有引起重视。

20 世纪 30 年代末，医学家钱恩和弗洛里成功批量分离出青霉素，弗莱明与钱恩、弗洛里共同获得 1945 年诺贝尔生理学或医学奖。

> 小知识：青霉素是从青霉菌培养液中提炼出来的抗生素，它能破坏细菌的细胞壁，并在细菌细胞的繁殖期发挥杀菌作用。然而，青霉素并非对所有细菌都有效，而且它可能引起过敏反应，因此使用时必须谨慎。

Alexander Fleming

大自然制造了青霉素，
我只是发现了它。
——亚历山大·弗莱明

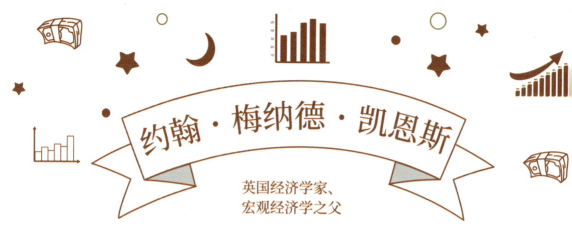

约翰·梅纳德·凯恩斯

英国经济学家、宏观经济学之父

1929年，一场经济危机从美国爆发，席卷整个资本主义世界，这场经济危机被称为"大萧条"。

大萧条令无数人衣食无着，并间接引发了第二次世界大战。而战后如何恢复世界经济发展，成了各国政府要考虑的问题。

1936 年，凯恩斯的《就业、利息和货币通论》提出的理论，成为应对经济危机的重要思想武器。

凯恩斯认为，大萧条引发的经济危机和失业问题，无法依靠传统的自由市场来解决。他主张政府应该主动干预经济活动，通过财政和货币政策来刺激需求，增加就业机会和促进经济增长，以避免或缓解经济危机。

凯恩斯的经济理论非常复杂，但可以通过一个形象生动的"挖坑理论"来解释。所谓的挖坑理论是指政府雇 200 人挖坑，再雇 200 人把坑填上，在这个过程中，政府创造了就业机会。同时，挖坑需要铁锹，这就带动了生产铁锹和钢铁的企业开工；挖坑需要耗费体力，就会带动食品消费。简单来说，当经济不景气的时候，政府通过合理规划公共项目等方式创造就业，就能够让各个行业"活"起来，政府的资金投入产生了消费，进而促进经济复苏。

凯恩斯的理论对 20 世纪中期的资本主义国家经济政策的制定和执行产生了深远影响，他的这套理论也被称为"凯恩斯主义"。许多国家采取了凯恩斯的经济政策，以推动经济复苏和增加就业机会，从而带动了这些国家战后经济的繁荣。

> 小知识：20 世纪人类知识界有三大革命，分别是凯恩斯创立的宏观经济学、弗洛伊德所创的精神分析法和爱因斯坦提出的相对论。

市场是由动物精神而不是理性推动的。
——约翰·梅纳德·凯恩斯

纪伯伦

黎巴嫩诗人

19世纪末的美国波士顿正在兴起一场"新慈善"运动，一位艺术教师意外发现了一个独具绘画天赋的孩子。这个孩子是黎巴嫩贝什理的难民——纪伯伦。

纪伯伦因绘画天赋被引荐到波士顿文艺界，在一众文化名人的引导和庇护下，他不仅生活有了保障，还踏入了一个崭新的领域——文学。

15岁的纪伯伦从美国返回黎巴嫩的贝鲁特学习阿拉伯语，此时的他在诗歌创作方面展现出了非凡的才华。精通东西方语言和文化的纪伯伦，在风华正茂的年纪里，对生活抱有无限希望。

然而，命运无情，他在短短一年之内，痛失三位至亲，这让纪伯伦创作的散文和诗歌蒙上了一层哀怨、倾诉和憧憬的色彩。为了生计他开始为杂志撰写诗歌和画插画。后来，他又开始创作小说和散文诗。

纪伯伦充满风雨磨砺的一生最终凝结成散文诗《先知》。从他返回黎巴嫩求学时便开始用阿拉伯语创作《先知》。《先知》一书通过东方智者亚墨斯塔法之口，谈论了爱、死亡、孩子、工作等26个人生问题。这些问题也是从古至今人们反复讨论的议题，亚墨斯塔法在阐述自己观点时揭示了人生真谛。这些真谛与其说是出自智者之口，不如说是出自纪伯伦之口。纪伯伦将自己一生的感悟汇聚成文字，以警示和启迪后人。

> 小知识：黎巴嫩共和国位于亚洲西南部、地中海东岸，东部和北部与叙利亚相邻，南部与以色列交界，西部濒临地中海。它习惯上被称为中东国家，境内绝大多数居民为阿拉伯人。由于地理位置特殊且历史、宗教等因素交织，黎巴嫩历史上时常爆发动乱。

生命是两个永恒之间的片刻航
行，在云与尘的间隙中歌唱。
　　　　　　　　——纪伯伦

一身优雅的黑色礼服，一撮被精心修剪成梯形的小胡子，摇摇晃晃的鸭子步和一支手杖，组成了 20 世纪初黑白电影时代的集体记忆。拥有这身经典且幽默风趣装扮的正是喜剧演员查理·卓别林。

在卓别林 12 岁时，他的父亲就因为酗酒去世；他的母亲患有精神疾病，最后被送入了精神病院。卓别林从此四处流浪，依靠当杂货店伙计、玩具小贩、小工、报童维持生存。

也许在底层社会生活得太久，卓别林早早看透了社会冷暖，对社会和人心都有很强的洞察力。

后来，卓别林在哥哥西德尼的鼓励下，毛遂自荐，获得了在巡回剧团表演的机会。

1913 年，卓别林有幸与电影公司签订了合约，开启了他的银幕生涯。他在电影《谋生》中，用喜剧表达强烈的讽刺意味，以反映底层人民的生活，这让他获得了成功，并形成了自己极具特色的喜剧表演风格。

卓别林经历了电影从黑白无声片到彩色有声片的时代变迁，他无疑是电影史上最伟大的黑白默片之王。他将马戏团小丑的表演技巧和歌舞杂耍剧的表演元素融入电影艺术，对喜剧元素进行了提炼，从而达到了至高的艺术境界。他在电影里制造的笑料一个接一个，总能第一时间引人发笑。观众笑过之后，又能从中体会到生活的酸甜苦辣。

小知识：电影诞生之初，受技术限制，影像无法与声音结合在一起。因此，1920 年以前，电影以默片为主。默片又称无声电影，是指没有任何配音、配乐或与画面协调声音的电影。然而，默片的影像等同于一种共通的语言。默片年代也被称为"银幕年代"。

人生近看是悲剧，远看是喜剧。
——查理·卓别林

白求恩

国际主义战士、加拿大医师

1939年，晋察冀边区爆发洪灾，几十个八路军战士跳进滚滚洪水中，手挽着手帮助乡亲们运送物资。在这群英勇的战士中，有一个金发碧眼的外国人，也跟战士们一起在洪流中转移百姓。他就是国际共产主义战士白求恩。

来到中国之前，白求恩在加拿大已是一位非常有前途的医生。他独创了"人工气胸疗法"，还发明和改进了十几种医疗手术器械，并和美国公司签订专利合同。可以说，此时的白求恩已是名利双收。

可是，为了心中的国际共产主义信仰和践行医者治病救人的理想，白求恩毅然奔赴战火连天的中国。他在革命根据地创办卫生学校，为中国共产党培养了大批医务干部，编写了多部战地医疗教材。

白求恩不愿意待在后方从事这些"安稳"的工作，主动要求率领医疗队前往前线进行战地救治。4个月里，他做了300余台手术，平均一天做2—3台手术。在这种高强度工作下，白求恩还建立了13处手术室和包扎所，抢救了大批伤员，为无数前线革命战士提供了及时的救治。

不幸的是，为中国人民无私奉献的白求恩医生因抢救伤员时，手指被手术刀割破，之后受到细菌感染，患上了败血症，最终不治身亡。

伟大领袖毛主席如是评价白求恩："一个高尚的人，一个纯粹的人，一个有道德的人，一个脱离了低级趣味的人，一个有益于人民的人。"

> 小知识：败血症是指各种病原菌侵入血液循环并在血液中繁殖，产生大量毒素和代谢产物，引起的全身性感染综合征。败血症患者常出现高热、寒战、全身无力等症状，严重者可表现为多器官功能衰竭。

对抢救伤员来说，时间就是生命。

——白求恩

约翰·罗纳德·瑞尔·托尔金

英国语文学家、作家

2001 年，电影《指环王》上映，这部史诗级的奇幻巨作进一步展现了中洲神话，同时也将它的缔造者约翰·罗纳德·瑞尔·托尔金推到了幕前。托尔金创造了一个完整鲜活的中洲世界，《指环王》和《霍比特人》这两部小说的成功问世推动了奇幻文学的复兴与流行。

1892 年，托尔金作为长子降生在南非布隆方丹的一个中产阶级家庭中。不幸的是，父亲在他 3 岁那年因病离世。母亲带着他和弟弟回到了英格兰萨里郡的小乡村生活，这里的田园生活给托尔金留下了深刻的印象。

母亲对托尔金的影响很深，不仅教给他拉丁语、德语，激发了他对诗歌和语言学的兴趣，还培养了他对不同种族文化包容的态度。

然而，母亲在他 12 岁那年因糖尿病去世了。弗朗西斯神父成为托尔金兄弟俩的监护人，他们在神父的爱和关怀下，健康地成长起来。

托尔金在牛津大学求学期间，自学了芬兰语，他觉得芬兰语的发音、词形和结构令人舒适而愉快。他创作的中洲故事中的精灵语就参照了芬兰语。

托尔金创作的中洲神话是一个"架空世界"，这个世界不受现实和科学的限制，它由魔法、种族等元素架构而成，充分满足了读者的想象力。为了使中洲世界更真实全面，他在自己的故事里创造了十几种语言，充分展现了他极强的语言天赋。

小知识：奇幻文学是一种文学形式，故事结构多半以神话、宗教和古老传说为背景设定，因此拥有独特的世界观。它的特点在于大胆的想象和对未知的探索。

我们无法决定自己的命运，你所能决定
的只是，在这段时间内该如何去做。
　　　　——约翰·罗纳德·瑞尔·托尔金

徐悲鸿

中国画家、美术教育家

20世纪 30 年代的中国，国家衰败、民族不振，艺术领域也非常保守。当时美术界抱着固有的传统不放，越来越死气沉沉，整个艺术界急需变革。

可是，如何变革？变革的方向是什么？又有谁能够以卓越的艺术造诣说服整个艺术界？

徐悲鸿当仁不让，承担起这份重任。徐悲鸿自幼跟随父亲学习诗文、书法、篆刻，他在绘画领域的天赋尤为突出，年仅 17 岁时就已经是江苏宜兴知名的画家了。

随后，他怀着向西方学习技法，学成后复兴中国美术的愿望，奔赴国外留学，在法国等地潜心学习素描、油画等西方绘画技巧，并游历欧洲多个国家，参观各大博物馆、美术馆和美术遗址，临摹历代艺术杰作，凭借自身努力与极高的艺术天赋吸纳西方美术的精髓，获得了极高的造诣。

回国后的徐悲鸿没有一味推崇西方绘画艺术，而是提出"古法之佳者守之，垂绝者继之，不佳者改之，未足者增之，西方绘画可采入者融之"的主张。徐悲鸿认为中西方画作都有优点，应该取长补短，相互融合。他所画的传统水墨国画，就融入了西方素描的技巧。

1929 年，徐悲鸿应蔡元培邀请，担任北平艺术学院院长，他第一时间请齐白石担任教授。齐白石是木匠出身，备受传统美术界排斥。但正是徐悲鸿不拘一格的气度和胸襟，才最终开创了中国现代美术融汇中西、兼容并蓄的繁荣局面。

小知识：中国绘画注重意境和留白手法，强调神韵，与书法同源，追求笔墨的随性挥洒；西方绘画注重写实与形象塑造，讲究解剖学和光影透视法则。

人不可有傲气，但不可无傲骨。
　　　　　——徐悲鸿

恩利克·费米

美籍意大利物理学家、
原子能之父

1938 年，德国化学家奥托·哈恩发现，用慢中子轰击铀元素后，得出的是 56 号钡元素。这个发现推翻了此前刚获诺贝尔奖的恩利克·费米的实验结果。

费米听到这个消息后，第一时间前往设备条件较好的哥伦比亚大学实验室，重复哈恩的实验，并得出了与哈恩相同的结论。这表明费米在之前的实验中产生了错误判断，而诺贝尔奖也错误地认可了他的实验结果。费米立刻对自己的错误进行了深刻检讨，并开始思考：铀核俘虏一个中子后发生裂变会释放巨大能量，如果这些能量又能引发下一次裂变，那么，如此循环下去，能否产生链式反应呢？如果能，它所带来的结果又会怎样？

这一发现对费米产生了深远影响，引导他提出了关于核裂变的链式反应理论，为人类和平进入核能时代提供了重要的理论基础。

1938 年的诺贝尔奖在一定程度上帮助费米逃脱了意大利法西斯的迫害。

费米原本是意大利人，可他的妻子是犹太人。随着第二次世界大战的爆发，意大利颁布了反犹主义法律。费米意识到意大利的局势对他和家人不利，而前往斯德哥尔摩参加诺贝尔奖颁奖典礼为他提供了一个离开意大利的契机。在颁奖典礼之后，他便逃往美国，并加入了美国政府的曼哈顿计划。费米利用链式反应理论，成功建造了世界上第一座核反应堆，为人类找到了一种全新的能源。

为了纪念费米的杰出贡献，人们把第 100 号化学元素命名为"镄"。

> 小知识：曼哈顿计划是指第二次世界大战期间，美国联合英国、加拿大实施的利用核裂变反应来研制原子弹的计划。该计划历时 3 年，耗资 20 亿美元。

有两种可能的结果：一是结果证实了假设，那么你已经成功证明了它，二是结果与假设相反，那么你就有了一个新发现。

——恩利克·费米

维尔纳·海森堡

德国物理学家、
量子力学主要创始人

20世纪，随着普朗克量子假说、爱因斯坦相对论和玻尔原子理论等的发展，人们渐渐发现牛顿的经典力学无法解释微观世界的物理现象，物理学似乎走进了一条死胡同。

维尔纳·海森堡的出现让物理学重新绽放了光彩。海森堡因其出色的论文获得了在大学讲学的资格，著名物理学家玻尔热情地邀请他与自己一起工作。

经典力学通常用于观察和测量现实世界中物体的运动，但玻尔的原子模型不同。他的研究侧重于那些不可直接观察或难以测量的物质结构，如原子结构。这让海森堡的工作充满了挑战。

作为优秀的物理学研究者，海森堡跳出了传统经典力学的思维方式，引入数学的抽象概念，探寻那些可以观察到的数值之间的相互比值，通过建立数学模型来研究原子内部结构。

在与玻尔的合作中，海森堡提出了矩阵力学的概念，创立了量子力学。海森堡因此获得了诺贝尔物理学奖，他与玻尔的友谊也成为物理学界津津乐道的故事。

然而，德国纳粹上台后，德国大部分科学家耻于同纳粹为伍，纷纷离开德国，玻尔也在其中。海森堡不忍心让德国完全落入纳粹手中，于是就留了下来。海森堡的这一决定让玻尔非常不理解，二人从此分道扬镳。

幸运的是，海森堡留在德国不仅推动了原子能的和平应用，还推动了现代物理向前发展。

小知识：量子力学是现代物理学的基础理论之一，能帮助我们理解微观世界的规律。

不是我们赋予自然以法则，而是自
然通过实验告诉我们它的法则。

——维尔纳·海森堡

约翰·冯·诺依曼

现代计算机之父

如果要问有没有一个人既才华横溢又机敏风趣,那一定非约翰·冯·诺依曼莫属了。

诺依曼在布达佩斯大学注册为数学专业的学生,然而他仅参加考试,从不听课,却每次都能考取第一名。原来,诺依曼从小在数学方面就天赋异禀,后来又去了德国,跟随数学家希尔伯特学习并讨论数学问题。闲暇时,诺依曼埋头研究自己感兴趣的数学问题,一来二去就成了数学大师。

1930年,诺依曼首次赴美,成为美国普林斯顿大学的讲师;1933年,他成为普林斯顿大学高级研究院教授,与爱因斯坦等科学巨擘成为同事。

在这个严肃而单调的学院里,诺依曼时常主动为自己和同事们找乐子。传闻他送爱因斯坦去纽约,把他送上了一辆开往相反方向的火车;他用洋葱把自己的眼睛弄得红肿流泪,故意让别人关心他;他跟同事花了一个晚上的时间在电话号码、街道地址等生活常见的数字里寻找素数。

在图灵提出"图灵机"概念之前,诺依曼就已经意识到计算机对人类科学发展的重要作用。他针对世界第一台电子计算机埃尼阿克(ENIAC)存在的问题,写出了长达101页的总结报告,构建了关于制造电子计算机和程序设计的新思想。诺依曼提出新机器应该由运算器、控制器、存储器、输入和输出设备构成,并建议在电子计算机中采用二进制。诺依曼对计算机发展的杰出贡献,使得他以"现代计算机之父"的头衔享誉后世。

> 小知识:二进制是一种计数系统,它使用两个数字:0和1。在二进制中,每个数字代表一个位权,就像十进制中的个位、十位和百位一样。

数学不仅渗透到自然科学
中，而且在某种意义上构成
了它们的理论基础。
——约翰·冯·诺依曼

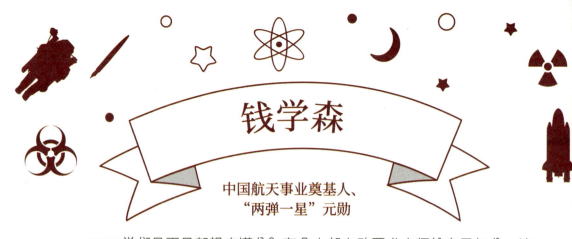

钱学森

中国航天事业奠基人、"两弹一星"元勋

同学们是不是都想考满分？有个人却主动要求老师给自己扣分。这个人就是钱学森。

在读大学的时候，钱学森有次考试得了 100 分。但他发现自己在一道公式推导的最后一步，把数学符号"Ns"写成了"N"。于是，他主动要求老师给自己扣分。

后来，钱学森前往美国求学，凭借严谨的学习态度和超强的学术天赋，仅用了一年就拿下了航空工程专业的硕士学位。拿下学位后，钱学森想要去飞机制造厂实习，却因为他是中国人而被拒绝。钱学森这时候深刻意识到，只有自己的国家强大，国民才能在国外的土地上挺直脊背。否则，无论个人能力多么出色，都难以得到应有的尊重。

为了继续学习最先进的航空航天理论，钱学森拜入当时的世界航空理论大师冯·卡门的门下。

1949 年，中华人民共和国成立。此时的钱学森再也按捺不住内心的激动，他渴望回国，想要投身到为祖国建设大好河山的事业中。可是，美国为了防止高科技人才的流失，强行扣押了他，并查抄了他所有的书籍和笔记，监视了他所有的私人信件和电话，甚至将他全家关进监狱。直到 1955 年，周恩来总理通过外交途径才将钱学森一家营救回国。

回国后，钱学森带领团队参与研制出了中国第一颗人造卫星，参与了"两弹结合"的试验，制定了中国第一个星际航空发展规划，为我国国防事业作出了巨大贡献。

小知识："两弹一星"最初指原子弹、导弹和人造卫星。后来，"两弹"演变为原子弹和氢弹的合称。1999 年，在庆祝中华人民共和国成立 50 周年之际，国家表彰了为中国"两弹一星"事业作出突出贡献的 23 位科学家，授予他们"两弹一星"元勋称号。

我作为一名中国的科技工作者，活着的目的就是为人民服务。如果人民最后对我的工作满意，那才是最高的奖赏。

——钱学森

艾伦·麦席森·图灵

英国数学家、逻辑学家

在计算机科学的历史长河中，有一位名字响彻云霄的奠基者，他就是艾伦·麦席森·图灵。他如同一颗流星划过黑夜，留下了光辉的足迹。

图灵少年时期就表现出了对数学的热爱和对自然科学的浓厚兴趣，他年少时便获得了数学和自然科学方面的奖项，还斩获了剑桥大学设立的数学奖学金和英国著名的史密斯数学奖。

图灵致力于计算机科学方面的研究，但第二次世界大战打断了他的研究进程，他应召进入英国外交部通信处从事军事工作，主要任务是帮助军方破译敌人的密码。破译密码需要大量的计算，于是图灵加入了世界上最早的电子计算机研制工作。人们认为，通用计算机的概念就是由图灵提出来的。

图灵不仅提出过自动程序设计的想法，还提出了"机器能够思考吗？"这样的疑问，他撰写的论文《计算机器和智能》至今仍是研究人工智能的经典文献之一。

为了验证机器是否拥有思维能力，图灵编写了一个国际象棋程序。可是，当时没有一台计算机有足够的运算能力去运行这个程序。于是他模拟计算机与同事对弈，他每走一步都需要花费半个小时，结果是图灵模拟的"计算机"输了。

尽管这次尝试以失败告终，但图灵的思想为后续科研人员指引了方向，激励着他们不断探索。为了纪念图灵，美国计算机协会设立了图灵奖，这个奖项被誉为"计算机界的诺贝尔奖"。

> 小知识：人工智能简称 AI，它通过对人的意识、思维的信息过程进行模拟，主要用于研究思考和感知等通用信息处理功能，也指研究机器智能的科学领域。

任何可计算的数学问题，都能通过有限步骤的机械操作解决。
——艾伦·麦席森·图灵

吉米·哈利

苏格兰兽医、作家

随着工业文明的到来，人们开始怀念质朴的乡村生活。但农民的生活并没有想象中那么美好，反而充满了拮据与辛酸。农民靠养殖动物生活，一旦动物生病了，又没能得到及时治疗，就将面临破产的风险。所以，专业的兽医对农民的生活极为重要。

于是，年轻的吉米·哈利毅然投身兽医事业，扎根乡村，一干就是几十年。他在英国乡村找到了自己热爱的事业，以专业能力用心医治每个动物，在这里他还收获了幸福，娶妻生子。

吉米在 49 岁时开启了人生的第二份事业，他开始创作小说，但前两本都反响平平。直到他写出了《万物既伟大又渺小》，才由此开启了"万物"系列自传体小说的创作。

他笔下的故事都围绕着乡村的农夫和动物展开，记录着如何治愈动物，中间穿插着各种窘事，苦中带笑，内容风趣幽默。

吉米用平实而不失风趣的文风和质朴的文笔打动了读者。英国媒体称赞他"其写作天赋足以让很多职业作家自愧不如"。

他的"万物"系列小说被改编成电影和电视剧，其中相关的拍摄地点甚至成了英国著名的旅游景区。"万物"系列的畅销为吉米带来了非凡的荣誉和财富。可是，他没有放弃自己年轻时选择的事业，依然坚持在乡村从事兽医工作。

也许，这就是热爱的力量。吉米能够写出动人的故事，正是源于他对生命的热爱和敬畏，也正是因为他将热爱的事业化作点滴文字，才能打动无数读者的心。

> 小知识："万物"系列共有五本，分别是《万物既伟大又渺小》《万物有灵且美》《万物既聪慧又奇妙》《万物刹那又永恒》《万物生光辉》。

如果你决定成为一名兽医，你永远不会变得富有，但你将拥有无穷无尽的兴趣和多样性的生活。

——吉米·哈利

埃德蒙·希拉里

新西兰登山运动员

这个男孩瘦骨嶙峋，体能非常差，让体育老师十分头疼。于是，老师随意将他分在了特殊组别中，让他和其他体能差的孩子待在一起。

然而，谁能想到，这个男孩日后竟成为首批登顶珠峰的人之一，他就是埃德蒙·希拉里。

希拉里第一次对登山萌生兴趣，是在跟随学校参加远足活动时，他去到了远离家乡的南阿尔卑斯山国家公园。当时正值冬天，公园里到处都是雪。16 岁的希拉里第一次见到雪，便立即被这个晶莹剔透的世界深深迷住了。回家后，他就加入了家乡的一个登山俱乐部，经常跟朋友去山区行走和露营。渐渐地，希拉里发现自己比别人拥有更充沛的精力，身体也越来越强壮。

后来，希拉里加入空军。退伍后，他加入了新西兰阿尔卑斯登山俱乐部，开始学习攀岩和攀冰技巧，并在不同季节去攀登阿尔卑斯山。这时，他萌生出了攀登珠穆朗玛峰的念头。

1953 年，希拉里与其他登山运动员组成登山队，向珠穆朗玛峰发起挑战。5 月 29 日，希拉里和他的伙伴丹增·诺尔盖一同登上了珠穆朗玛峰。在攀登过程中，他们遇到了极端恶劣的天气、陡峭的山壁和稀薄的空气等诸多困难，但凭借着顽强的毅力和精湛的登山技巧，他们一步步向着顶峰迈进。最终，两人几乎同时成功登顶，共同创造了人类首次登顶珠穆朗玛峰的历史。

> 小知识：攀岩运动是一项体育运动项目，与登山运动密切相关。它是利用双手和双脚，辅以少量器具，在有安全保障的前提下，攀越由岩石构成的峭壁、海蚀崖、突石或人工岩壁的一种竞技运动。

我们并没有征服珠峰——而是珠峰向
我们展示了仁慈。

——埃德蒙·希拉里

伊塔洛·卡尔维诺

意大利小说家

有人说他是个童话作家，有人说他写的是寓言。卡尔维诺以他的小说《通向蜘蛛巢的小径》，向世人揭示：他的创作是写实文学。

卡尔维诺于1935年加入了"意大利青年法西斯组织"，但随着对法西斯主义本质认识的不断加深，1943年，他积极投身反法西斯抵抗运动，加入了当地游击队。《通向蜘蛛巢的小径》正是以此为背景写成的。不过，这并不是一部以亲身经历为主的纪实文学，它迥异于其他战争题材的作品，小说抒情色彩浓厚，以丰富的想象力和孩子天真又充满好奇的视角来讲述人们在抵抗运动中的种种经历。

与其他现实主义或批判现实主义的作家不同，卡尔维诺的小说"一只脚跨进幻想世界，另一只脚留在客观现实之中"。《通向蜘蛛巢的小径》正是一部这样的作品。这部作品既像意大利游击抵抗运动的历史，又像一个发生在大森林里的童话故事。卡尔维诺以全新的语言表述形式，给人耳目一新的感觉。

卡尔维诺突破了传统的写作手法，不断寻找新的叙事可能。他的作品在解构现实的同时，还不断将传统与现实充满新意地结合在一起，令小说富有巨大的张力。

20世纪六七十年代，太空探险、遗传工程和传播技术进入兴盛时期，卡尔维诺开始在小说中加入大量的科幻元素，将现代宇宙与古代通灵术融合在一起，彰显无穷的想象力，令读者如痴如醉。

卡尔维诺作为"寓言式奇幻文学的大师"，对现代小说艺术产生了巨大的影响。

> 小知识：后现代主义文学是第二次世界大战之后，在西方社会出现的范围广泛的文学思潮。

阅读就是抛弃自己的一切意图
与偏见，随时准备接受突如其
来且不知来自何方的声音。
——伊塔洛·卡尔维诺

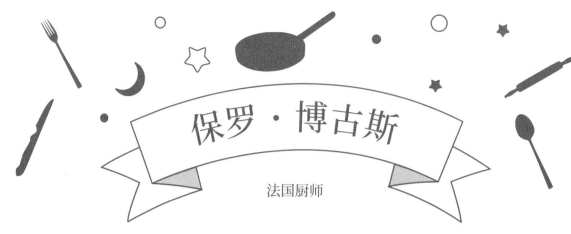

保罗·博古斯

法国厨师

亨利·高勒是个著名的美食评论家，无论他去欧洲的哪家餐厅做食评，对方的厨师都会严阵以待，给他以最高规格的接待。可是，当他来到保罗·博古斯的餐厅时，博古斯只用一把青刀豆来招待他。而这把青刀豆是博古斯早晨在花园里散步时，随手采摘的。青刀豆经过简单水煮后，用橄榄油、青葱、食盐稍做调制，竟然令亨利连连称赞，他说："从来没有任何美食，能像这次的青刀豆一样给我带来如此清新的感觉。"

这次独特的招待并非偶然，而是源于博古斯独特的烹饪理念，这一理念的形成与他的学习经历息息相关。博古斯 21 岁开始学习烹饪手艺，师从费尔南·普安，他发现费尔南的店里每日要做什么菜，完全取决于费尔南当天从市场买回来什么样的食材。这种做法给博古斯留下了深刻的印象。

因此，当博古斯从父亲手中接过世代经营的餐厅时，他也开始注重保持菜品的原汁原味，让食物更清淡、更新鲜、更美观。

为了制作出新鲜的菜品，博古斯坚持每天早晨去市场买菜，哪怕在他功成名就之后，这个习惯也依旧未改。

博古斯想要将法国菜发扬光大，但他清楚，一个人的力量是有限的。于是，他创立餐饮培训学校、撰写烹饪书籍，并且在 1987 年创办了法国博古斯世界烹饪大赛，每隔两年，便邀请来自世界各地的厨师齐聚一堂，共同切磋厨艺。在大赛中走出来的优秀厨师，将为世界带来更多舌尖上的美味。

小知识：法国菜肴一直位列西式菜肴之首，其特点是加工精细、烹调考究、滋味有浓有淡、花色品种多，同时需配以精巧的餐具。

发现一道新菜，胜过发现一颗新星。

——保罗·博古斯

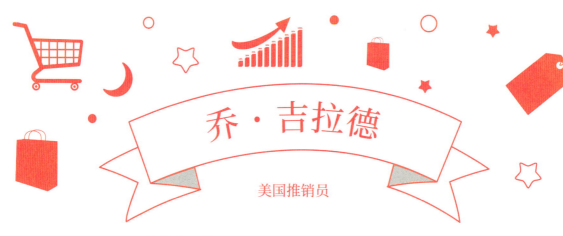

乔·吉拉德

美国推销员

乔·吉拉德的人生之路并不平坦，他患有严重的口吃，16 岁时当锅炉工染上了气喘病，之后换了数十份工作仍然一事无成，在 35 岁这一年，又背负了一笔不小的债务。

为了生存，他向朋友求助，得到了一份汽车销售的工作。幸运的是，吉拉德在上班第一天就卖出了一辆车，他因此得以向老板预支薪水，买了食物带回家，避免了妻子和孩子忍饥挨饿。

从此，他的汽车销售事业突飞猛进。在他卖车的第三年，他取得了一年销售 1425 辆车的惊人成绩。

吉拉德的销售秘诀非常简单：努力，努力，不停地努力!

由于有口吃，他说话的时候特意放慢速度，这不仅没有成为障碍，反而拉近了他和客户之间的距离。他通过电话簿上的号码来拓展人脉，详细记下对方的职业、爱好、买车需求等细节。当然，没有人愿意接听这种销售电话，他的电话被挂掉过许多次。不过，他总能耐心地等待、询问，如果有人说打算半年后买车，那他真的会在半年后再打电话过去询问客户购车意向。他依靠掌握客户未来需求和经营客户关系，促成了不少生意。

靠着勤奋与努力，他创造了 5 项吉尼斯世界汽车零售纪录：平均每天销售 6 辆车；一个月最多销售 174 辆车；一年最多销售 1425 辆车；他在十多年的销售生涯中总共销售了 13001 辆车；连续 12 年稳坐世界汽车销售冠军的宝座。

> **小知识**：吉尼斯世界纪录起源于英国，是全球公认的纪录认证机构，它的起源与一家名为吉尼斯啤酒的公司紧密相关。为了招揽顾客，该公司经常刊印一些小册子来回答世界之最的问题，这些内容为后来吉尼斯世界纪录收拢了很多珍贵的素材。

推销产品之前先推销自己。

——乔·吉拉德

切·格瓦拉

古巴革命领导人

格瓦拉出生于阿根廷的一个中产阶级家庭，本有着光明的前途。在大学学医期间，格瓦拉受朋友邀请，休学一年环游整个美洲。在这个过程中，格瓦拉了解到拉丁美洲的贫穷与苦难，社会良知和人道主义关怀开始在他的心中萌发。

回到阿根廷后，格瓦拉在日记中写道："写下这日记的人，在重新踏上阿根廷土地时，就已经死去。我，已经不再是我。"

从医学院毕业后，格瓦拉为当时拉丁美洲的危地马拉政府服务。不过，美国组织了一支雇佣军，颠覆了危地马拉的政权，扶植傀儡上台，对当时的进步人士进行了残酷镇压。这让格瓦拉认识到，想用医学造福人类之前，必须先发动一场革命，推翻反动独裁统治。

格瓦拉在墨西哥结识了未来领导古巴革命的菲德尔·卡斯特罗，并协助卡斯特罗推翻了古巴的独裁统治，建立了社会主义政权。

不过，格瓦拉在拉丁美洲的解放运动中表现得非常激进，他试图以游击战的形式在刚果和玻利维亚点燃革命火种。然而，由于多种复杂因素，这些行动最终以失败告终，格瓦拉不幸被捕并被处以死刑。

切·格瓦拉虽已离世，但他化作追逐理想的精神符号，生生不息，他的精神在每一代人的斗争与追求中得到新生。

小知识：古巴以其美丽的海滩、丰富的文化和雪茄而闻名。古巴的音乐同样享誉世界，这里是许多世界级音乐家和舞者的故乡。

革命者必须成为永不停歇的净化火焰，
否则便不配此名。

——切·格瓦拉

贾森·爱泼斯坦

美国出版人

爱泼斯坦从小就喜欢阅读，原本希望大学毕业后能成为一名作家。不过，由于家庭条件不太好，他首先需要解决生计问题。于是，他成了双日出版社的实习编辑。这让他有大量时间泡在书店里。

有一天，爱泼斯坦翻看着书架上那些装订精致、价格昂贵的精装本经典文学，脑子里冒出一个想法：能不能以价格更为划算的平装本出版这些文学作品？

要知道，当时的平装书内容大多低级浅薄，还没有严肃文学作品以这种形式出版。然而，爱泼斯坦看中了第二次世界大战后迅速壮大的大学生群体，他们对书籍充满渴求，是潜在的消费人群，但他们没有足够的钱购买昂贵的精装书。

于是，爱泼斯坦将自己的想法告诉了出版社的主编。没多久，第一批内容精良、价格便宜的平装书问世了。爱泼斯坦将这些高品质平装书命名为"锚版图书"，这些图书一经问世就销售一空。他带领全美出版商掀起了"平装书革命"。

随后，爱泼斯坦加入兰登书屋。他将目光放在了常销书上，并花费25年时间建立了美国文库，使之成为一个永久、完整的美国文学常销书宝库。

考虑到常销书的出版和发行在新的市场环境中日益艰难，爱泼斯坦又设计了《读者目录》，其中包含4万种常销书的介绍，大众可以打电话订购，这为读者提供了更多便捷的选择途径。

虽然爱泼斯坦没有实现自己的作家梦，但他帮助更多的人读上了价格便宜、内容优质的好书。

> 小知识：常销书是指不受季节性影响、内容具有长期价值，能在出版后多年持续销售的图书。这类图书通常在读者中建立了稳定的认知度和需求。

没有零售书店的文明是不可想象的。
——贾森·爱泼斯坦

手冢治虫

日本漫画家

有一个小男孩对昆虫十分着迷，他不仅收集昆虫标本，用画笔临摹昆虫的形态，还把"虫"字加到了自己的名字后面。

这个小男孩就是日本漫画奠基人手冢治虫。

手冢治虫从小就喜欢画画，爱看动画短片。15岁时，他看到了中国万氏兄弟的美术长片《铁扇公主》，从而萌发了要创作面向成年人动画的想法。

在母亲的鼓励下，手冢治虫来到了东京，18岁那年，他发表了自己的首部职业漫画《小马日记》，并在报纸上连载。

当时流行的漫画创作形式是四格漫画。手冢治虫深感这种创作模式局限性太大，不利于长篇漫画的创作。于是，他萌生了创作一种新式漫画的念头。

1947年，手冢治虫发行了漫画单行本，大获好评，他朝着现代主流电影式漫画迈出了第一步。自此，他开始创作大量漫画作品。

随着电视的普及，手冢治虫开始关注电视动画的发展，并参与制作了日本第一部黑白卡通片，一时间他在海内外可谓是名利双收。他的作品内涵深刻，改变了几代人"动漫只适合给小朋友看"的观念。

同时，手冢治虫开始探索低成本的动漫制作方式。他将从漫画领域获得的收入投入影视动漫领域，培养专业人才，探索精简成本的制作方式，建立与动漫相关的周边产业商品整体营销模式，为日本动漫产业打下坚实的工业基础。

小知识：日本的漫画传统可以追溯到古代，如卷轴绘画和木刻版画。这些早期的图像叙事形式影响了后来的漫画艺术。

医学拯救肉体，漫画治愈灵魂。
——手冢治虫

马丁·路德·金

美国黑人民权运动领袖

20世纪 30 年代，在美国街头，一个小男孩上学快要迟到了，他拼尽全力去追逐一辆公共汽车，眼看就要追上了，却被一位黑人大叔拦了下来。这位大叔告诉他，那辆公共汽车只允许白人乘坐，黑人不能坐。这就是当时美国存在的歧视政策——种族隔离政策。

小男孩诧异地问道："黑人和白人除了皮肤颜色不一样，到底有什么区别呢？为什么我们要被隔离呢？"

这个小男孩就是马丁·路德·金。

后来，马丁发现不仅是公共汽车，很多公共场所，比如学校、医院、餐厅等都存在种族隔离现象。

此时，距离美国总统林肯颁布《解放黑人奴隶宣言》已经过去了近一百年，可美国的种族歧视问题却愈演愈烈。为了改变这一现状，成年后的马丁在蒙哥马利市发起了对公共汽车的抵制运动，当地黑人公民以全面罢乘来反对车上的种族隔离措施。随后，他又通过演讲、谈话、游行抗议等非暴力的形式呼吁种族平等。许多白人被他的行为感动，纷纷加入反对歧视黑人的行列。

1963 年，华盛顿的林肯纪念馆广场聚集了 25 万名民众，他们集体呼吁反对种族隔离，马丁发表了其著名演说《我有一个梦想》，将黑人民权运动推向了高潮。不久后，他被授予诺贝尔和平奖。然而 5 年后，马丁被种族主义分子暗杀，终年 39 岁。

时至今日，马丁的精神仍旧激励着无数美国黑人为追求自由平等、争取自身权利而不懈奋斗。

> **小知识：**美国黑人民权运动，是美国黑人反对种族歧视和种族压迫，争取政治经济和社会平等权利的非暴力抗议行动。

我梦想有一天，我的四个孩子将在一个不是以他们的肤色，而是以他们的品格优劣来评价他们的国度里生活。

——马丁·路德·金

袁隆平

杂交水稻之父

饥饿是什么滋味?

也许对现在的很多人来说，美味佳肴随处可见，从来没有挨过饿。而我们能拥有这幸福的一切，都要归功于"杂交水稻之父袁隆平"，我们亲切地称他为袁老。

20世纪60年代，中华大地上爆发大饥荒。这给袁老留下了深刻的印象，他曾哽咽着说道："上世纪60年代闹饥荒，大家都饿得不行了，都没有饭吃。乞丐出去要饭，饭都没有，谁都没有口吃的。这是我亲眼所见。"

从此，袁老便有了两个梦想。

第一个梦想就是"禾下乘凉"。袁老说，他梦见"稻子秆儿能有高粱那么高，稻穗竟然比扫帚还长，种出来的稻谷比花生米还要大"，人可以坐在稻谷下乘凉，稻田里种出来的大米可以让所有人都吃饱饭。

袁老的第二个梦想就是杂交水稻覆盖全球。袁老的弟子遍布世界各地，他收徒弟有一个要求——"必须下田"，不下田的他是不收的。虽然理论知识很重要，但是理论不能直接长出水稻。只有通过实践才有机会提高水稻的产量。

因为亲眼见过饥荒带来的人间悲剧，袁老下定决心要让中国人从此不再挨饿。为此，他将自己的一生都奉献给了杂交水稻的研究事业。

正是袁老的不懈努力，守住了我们的粮食安全底线，是他用仅占世界7%的耕地面积养活了全球18%的人，让饥荒远离中华大地。

小知识：杂交水稻是指选用两个遗传差异大、优良性状能够互补的水稻品种进行杂交，生产具有杂种优势的第一代杂交水稻种子。中国是世界上第一个成功研发并推广杂交水稻的国家。

我毕生的追求就是让所有人远离饥饿。

——袁隆平

1969年7月20日，月球上空出现了一架飞行器，它已经绕月飞行了13圈，如果再不降落，燃料就会耗尽，届时它会直接坠落在月球表面。

然而，飞行器里的宇航员阿姆斯特朗对燃料问题并不担心。因为他在利用登月训练机训练时，多次在飞行器燃料仅剩15秒的情况下安全降落。他相信自己能够顺利登月。

果然，在当日的20点17分，阿姆斯特朗和同伴乘坐的阿波罗11号稳稳地降落在月球上。这时，阿姆斯特朗对地球的指挥中心和整个世界说的第一句话是："休斯敦，这里是静海基地。'鹰'着陆成功。"

随后，阿姆斯特朗率先打开舱门，缓慢地扶着梯子走下登月舱，他的左脚踏上了月球，并说出了那句振奋人心的话："这是个人的一小步，却是人类的一大步。"

当时，地球上有许多人通过广播、电视等方式关注着这一瞬间，阿姆斯特朗的一小步，开启了人类探索月球的新时代。

阿姆斯特朗和同伴在月球上插了一面美国国旗，旗子顶端有一根特意没有拉直的铁丝，能够让旗子在无风的情况下展开，并且看起来像是有风吹动一般。

随后，阿姆斯特朗把一个纪念碑放在月球表面，以纪念为人类太空探索牺牲的航天员们。

小知识："阿波罗"计划是美国实施的载人登月计划，该工程历时11年（1961年—1972年），共进行11次载人飞行任务，共有12名航天员成功登月。

这是个人的一小步，却是人类的一大步。
——尼尔·奥尔登·阿姆斯特朗

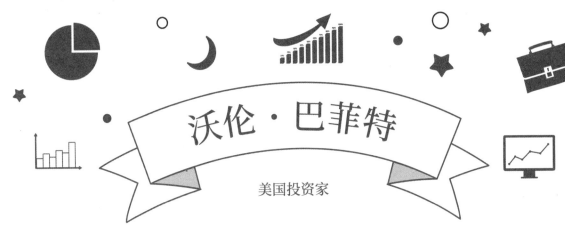

沃伦·巴菲特

美国投资家

你知道世界上最贵的午餐吗？这顿午餐从 2000 年开始公开拍卖，截至 2022 年，价格已经飙升到千万元一餐。是什么样的山珍海味值这么多钱？

其实，这就是一顿普通的午餐，值钱的不是食物本身，而是一起吃饭的人。能被拍出天价的午餐对象就是被称为"股神"的沃伦·巴菲特。

众多商界人士都想跟巴菲特吃一顿饭，期望通过他的指点，使自己的事业突飞猛进。

"股神"的称号并非浪得虚名，巴菲特从小就极具投资天赋。他 5 岁时在家门口摆地摊兜售口香糖；6 岁时组织小伙伴去高尔夫球场捡别人用过的高尔夫球，然后转手倒卖；上学后，与同学合伙将弹子球游戏机出租给理发店老板，赚取外快。可以说，巴菲特满肚子都是生意经。

1965 年到 1988 年，巴菲特投资股票平均每年增值 20.2%。那么，除了敏锐的商业嗅觉，巴菲特百战百胜的投资理念又是什么呢？

巴菲特将自己的成功归功于坚守价值投资理论。简单来说，就是投资股票不能只看一时的股价，投资者还要有一颗当股东的心。选择优质的上市公司，择机买入并长期持有，不能只考虑短期股价波动，也要注重公司的发展。只要这家公司基本面是向好的，哪怕股价暂时下跌也不要放弃。这样长期坚持下来，收益肯定颇为丰厚。

虽然这个道理很多人都懂，但只有巴菲特坚持了下来。

小知识：购买股票是一种投资行为，相当于投资者购买了某家公司的部分股权。可以比喻为公司将自己分成若干份，每一份就是一股。股票的价格会随着公司的经营表现而波动。如果公司经营状况良好，股价上涨，投资者就有可能获得收益。

别人贪婪时我恐惧，别人恐惧时我贪婪。
——沃伦·巴菲特

稻盛和夫

日本著名实业家

2009 年，处于世界第一方阵的大航空公司日本航空面临破产。为了挽救日本经济皇冠上的明珠，时任日本首相鸠山由纪夫亲自出面，请求已经皈依佛门的稻盛和夫出山，希望他能挽救处在危难之中的日航。

稻盛和夫于 2010 年出任破产重组的日航董事长，424 天后，日航扭亏为盈，并且创造了 1884 亿日元的净利润，这是日航历史上的最高利润额。

稻盛和夫的成功得益于他的"利他"理念。稻盛和夫的公司草创之际就遇到过员工要求涨薪的情况，换作其他老板可能会把这些要求涨薪的员工全都开除。稻盛和夫却想起自己毕业后找工作的艰辛，承诺给予员工丰厚的利益回报。

稻盛和夫的承诺，让员工们鼓足干劲儿，努力工作，凝聚成一个坚定的核心团队，为稻盛和夫的公司创造了巨额利润。稻盛和夫也信守承诺，将公司盈利分配给了员工。稻盛和夫看到了"利他"的意义，认为公司只有"利他"才能走得更远。

随后，日本爆发经济危机，稻盛和夫面对利润暴跌的情况，从未想过放弃任何一个员工。他将公司管理层工资削减 10%，以确保每个员工都不会失业，在经济危机期间给予员工极大的安全感。

正是稻盛和夫的"利他"精神，使他在经济危机之后创立了日本第二电话电报公司，让每个日本人都能用上便宜好用的电话，而经他手创立的两家公司都成为世界 500 强企业。

> 小知识：著名企业家稻盛和夫以其独到管理哲学而闻名。他强调以爱与感恩为基石，将企业的存在视为为社会创造价值的使命。

纵使是自不量力的梦想，是看似高不可攀的
目标，还是要在胸中牢牢立下这个目标，并
坚持不懈地在同仁面前展示这个目标。因为
人本来就具备使梦想成真的巨大潜力。

——稻盛和夫

尤里·阿列克谢耶维奇·加加林

苏联航天员、
世界第一个进入太空的人

1957 年，苏联成功发射了世界上第一颗人造卫星，这一壮举标志着人类对太空的探索迈入崭新的篇章。苏联空军学校的学员们闻讯后奔走相告，热烈讨论着对太空的下一步探索计划。当有人询问加加林对此的看法时，他坚定地回答："是时候让人飞上去了。"

飞天梦深深植根于加加林的心中。因此，在得知需要有人执行上天试飞任务时，他毫不犹豫地主动请缨。

在冷战背景下，苏联为了与美国竞争，在载人飞船技术尚未完全成熟的情况下便加速推进相关项目。在加加林首次航天飞行之前，苏联进行了七次试射，其中仅有两次取得了成功。然而，加加林仍然义无反顾地接受了"飞天"任务。

1961 年 4 月 12 日，加加林乘坐的东方 1 号宇宙飞船顺利发射升空，并在轨道上环绕地球一周后安全返回。在飞船上，他品尝了一顿"太空饭"，饮用了罐装水，并用车载录音机详细记录下了飞船上所有仪器的读数。返回地球时，飞船遭遇了一系列危险。发动机提前熄火，飞船的弹射系统意外地将应急储备集装箱弹落，而主降落伞也未按预定高度打开。直到距离地面约 3000 米时，一个备用降落伞才终于打开，但这个降落伞完全不受控制。面对接踵而至的危险，加加林保持冷静，有条不紊地采取了自救措施。尽管他的降落点与预定地点相差了 400 千米，但他仍然安全地降落到了地面。

加加林凭借他的勇敢无畏，为人类实现了千年的"飞天梦"，并因此成为世界上进入太空的第一人。

> 小知识：在太空中，由于处于失重环境，宇航员们需要使用特殊的食物袋和吸管进食。他们需要用手挤压食物袋，并在适当的时候关闭它才能成功将食物和水送入口中。

在飞船中绕地球飞行后，我意识到我们的星球是多么美丽。人类啊，让我们守护并增添这份美丽，而非毁灭它！

——尤里·阿列克谢耶维奇·加加林

李小龙

中国香港电影演员

20世纪40年代，一对年轻的夫妇让自己年仅7岁的孩子学习太极拳，因为这个孩子经常生病。没想到，这个举动竟意外造就了一代"功夫之王"。这个孩子就是一代武术宗师——李小龙。

13岁时，李小龙就已经学过太极拳、洪拳和蔡李佛拳等拳法。然而他觉得这些拳法徒有其表，没有实战价值。于是，他在朋友的推荐下拜叶问为师，学习咏春拳。

除了醉心武学，李小龙还喜欢拍电影。他出生3个月的时候就在父母的安排下，亮相粤语影片《金门女》，整个童年时代也一直活跃在粤语片的银幕上。

后来，李小龙前往美国求学。在此期间，他继续修习武术，开设武术会所，与美国的许多武林高手切磋武艺，在许多空手道大赛中做嘉宾表演，并成立了"振藩国术馆"，创立了新武道"截拳道"。

1971年，李小龙以截拳道宗师身份入选国际权威武术杂志《黑带》名人堂，这标志着他新创立的截拳道得到了国际武术界的认可。

此时的李小龙在武术上的造诣达到了巅峰。有公开资料显示，他的体脂率仅为3%，也就是肌肉在身体中的占比非常高。这使他拥有惊人的爆发力，据说他可以在1秒之内打出9拳，踢出6脚。

同时，李小龙也没有荒废演艺事业，他出演了《青蜂侠》《唐山大兄》《精武门》《龙争虎斗》等影视作品，以其精湛的武术造诣开启了好莱坞功夫片时代。

> 小知识：截拳道是以中国武术为源头，吸收了各国武技中有用的技术动作，经过整合与创新后形成的一套武技体系。

骁勇善战的武士，只不过是极度专注的普通人。

——李小龙

约翰·列侬

英国摇滚音乐家

披头士乐队被称为音乐史上最优秀的乐队之一，而他是乐队的核心。他的摇滚乐影响全世界，并推动流行音乐向严肃化发展。

他的艺术影响不仅局限于音乐领域，还体现在对不合理政治现象的批判上。

他就是一代摇滚巨星约翰·列侬。

列侬在大学期间结识了志同道合的同伴，共同组成披头士乐队。在接下来的 10 年间，披头士乐队开拓了迷幻摇滚、流行摇滚等曲风，令全世界的年轻人为之疯狂，甚至一度成为"叛逆"的代名词。

列侬的"叛逆"还表现在反战行动上。在美国对越南发动战争时，为了抗议这场侵略战争，列侬发起了"床上和平行动"。他和妻子小野洋子找了一家旅馆，在大床上待了整整 7 天。他们在床上接受各大媒体的采访和拍照，吃喝拉撒全都不下床。列侬通过这种行为艺术，向全世界传达一个信息：武力不会对和平有任何帮助，任何人都可以通过非暴力的方式来追求和平。此后，列侬将自己的反战、宣扬和平的理念融入艺术创作中。

就是这样叛逆的列侬，却在自己孩子出生后，隐居了 5 年，完全退出音乐圈。

身为国际巨星，列侬用自己的实际行动向全世界的歌迷、粉丝传达爱、和平以及家人的重要性，他给那些身处艰难坎坷生活中的人带去希望，激发他们对生活的热爱，重新燃起奋斗的动力。

> 小知识：越南战争，指 1961 年—1975 年美国对越南发动的侵略战争。美国以遏制"共产主义扩张"为借口，在越南南方（即南越）、老挝、柬埔寨扶植亲美政权，这场战争最终以美国的失败告终。

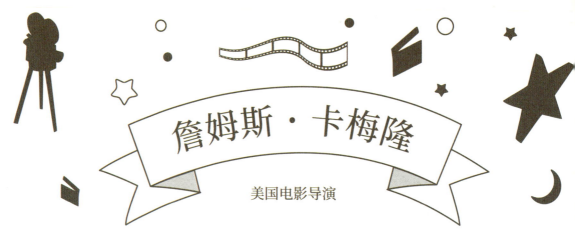

詹姆斯·卡梅隆

美国电影导演

要说拍摄一部电影有多难，恐怕没有人比詹姆斯·卡梅隆更了解其中的辛酸了。

他在执导自己的第一部电影《食人鱼2》时，受天气影响，拍摄进度远低于预期。在电影剪辑期间，制片方拒绝让他参与后期制作工作。卡梅隆愤而自学了剪辑技术，用了几周时间完成了整部片子的剪辑工作。

要说拍摄一部电影有多"简单"，卡梅隆同样感同身受。

在拍摄《食人鱼2》"期间"，剧组人员食物中毒，卡梅隆躺在床上迷迷糊糊做了个噩梦。他梦见一个坚不可摧的机器人从未来穿越至现在，目的就是杀死他。这个梦就是他成名之作《终结者》的灵感来源，随后他以650万美元的低成本完成了这部作品，开启了机器人科幻电影的新时代。

卡梅隆获得过多项殊荣，他执导的《阿凡达》更是获得了近30亿美元的票房，长居全球电影票房榜首。

作为好莱坞最有名的科幻电影导演之一，卡梅隆是出了名的工作狂，他严厉又认真，对细节极致把控。正因如此，他对工作人员的要求也很高，甚至被工作人员戏称为"暴君"。在他手下工作过的人都有一件特殊的T恤，上面印着这样的文字："你吓不倒我，我为卡梅隆工作过！"

卡梅隆科幻电影的主要特点如下：首先，拥有完整的世界观，甚至是自创的世界体系；其次，故事线索简单，节奏出色；再次，技巧出色，画面精致大气，讲究特效的真实性与设定的可靠性；最后，善于用科幻构思传统路线，善于从局部描绘整个科幻世界。

小知识：制作3D电影通常需要同时拍摄两个视角的画面，就像我们的两只眼睛一样，每个视角存在细微差异。在观影时，这两个不同的画面会通过特殊技术进行融合，营造出立体的深度感。

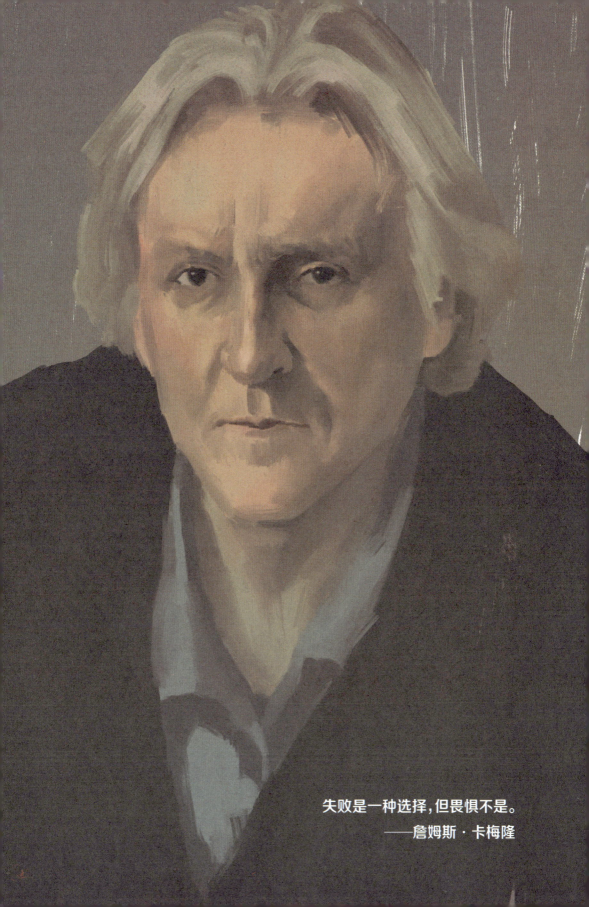

失败是一种选择，但畏惧不是。
——詹姆斯·卡梅隆

史蒂夫·乔布斯

美国苹果公司联合创办人

史蒂夫·乔布斯刚出生就被亲生父母遗弃了，幸运的是，一对好心夫妇收养了他。他周围的邻居都是惠普公司的职员，因此他从小就对电子产品感兴趣。

12岁那年，乔布斯想制作一个频率计数器，但是缺少一个重要配件。于是，他直接打电话给惠普公司的创始人之一——威廉·休利特。乔布斯开门见山地说："我叫史蒂夫·乔布斯，你不认识我，我12岁，打算做频率计数器，需要些零件。"

休利特跟乔布斯谈了整整20分钟，不仅给了他需要的零件，还邀请他在暑假期间到惠普公司担任组装频率计数器的实习生。

21岁时，乔布斯打算跟朋友们制造一台电脑。要知道，在20世纪70年代，电脑并非个人消费品，只有一些大型公司才有能力配备。他们在一间车库里成立了苹果公司，并利用在计算机产品展销会上买到的芯片组装出了"苹果1号"电脑。

乔布斯醉心于电子产品的研发设计，无暇兼顾公司管理，这导致他最终被迫离开了自己创办的苹果公司。

随后，乔布斯购买了一家动画公司，并将其更名为皮克斯动画工作室。此后，皮克斯成了举世闻名的3D电脑动画公司。

而离开了乔布斯的苹果公司，市场份额不断下跌，10年后，乔布斯再次被邀请回到苹果公司。经过他大刀阔斧的改革，苹果公司不断推出新产品，引领着电子产品的更新迭代，发展成为全球知名的科技巨擘。

小知识：苹果公司的核心技术在于独立研发、设计机器内部的芯片，拥有独立的操作系统。

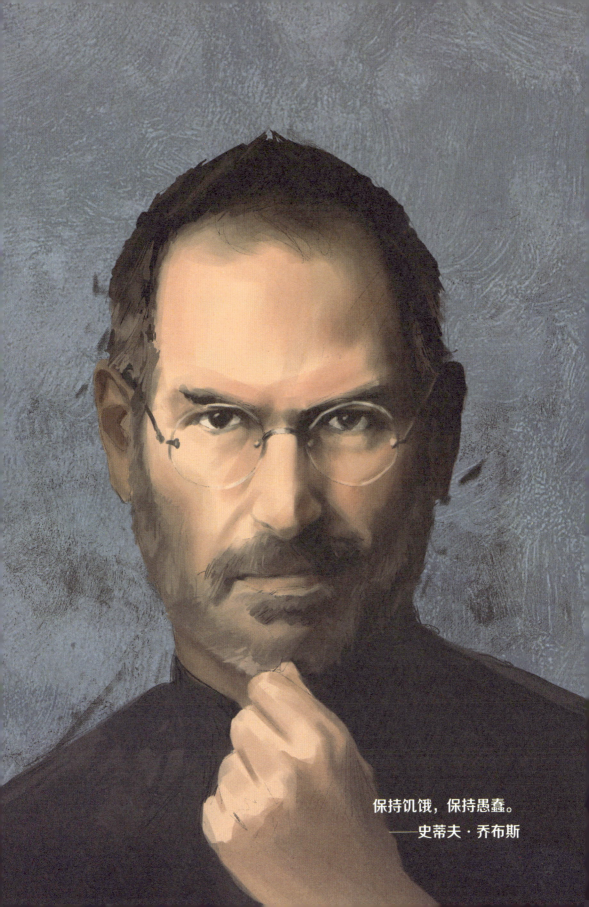

保持饥饿，保持愚蠢。
——史蒂夫·乔布斯

迈克尔·约瑟夫·杰克逊

美国摇滚音乐家

20世纪80年代，事业如日中天的杰克逊即将发表新专辑《颤栗》。可是他在听完专辑后并不满意这些作品，为此他叫停了唱片公司的发行活动。杰克逊对作品的严格要求，让他一时间不知该如何处理这张专辑。直到有一天，他骑着自行车出去散步，在路过一所小学时，听到一群孩子正开心地嬉笑，这一幕点燃了他的创作热情，他决心对专辑中的所有歌曲重新进行编曲制作。

两年后，《颤栗》专辑制作完成并发行，它开启了有剧情的 MV 时代，被视为音乐工业上的大革命，这张唱片在全球发行后销售额高达 41 亿美元，同时杰克逊凭借《颤栗》独揽 8 项格莱美大奖，他也将自己的事业又一次推向巅峰。

杰克逊是流行歌手、词曲家、舞蹈家、导演、唱片制作人、慈善家，是引领世界 50 年的时尚领袖。

他首创机械舞和太空舞步等舞蹈表演形式，是技巧复杂的现代舞推广者。

他凭借卓越的音乐和舞蹈成就，不仅获得了格莱美终身成就奖，还打破了文化、种族和时代壁垒，影响了一代又一代流行音乐和流行舞蹈的发展。

这就是对全球流行音乐和舞蹈有着巨大影响力的迈克尔·杰克逊。他的一生充满了跌宕起伏和传奇色彩。虽然他在 50 岁那年就遗憾离世，但他将动人的音乐和爱留在了这个世界。

小知识：太空舞步又称月球漫步，是由迈克尔·杰克逊开创的经典舞步之一，其特点是看似在前进，实际却在往后走的舞步。

在一个充满仇恨的世界，我们仍
然要满怀希望；在一个充满绝望
的世界，我们仍然要敢于梦想。
——迈克尔·约瑟夫·杰克逊

克里斯托弗·诺兰

英国电影导演

　　一个 7 岁的小男孩摆弄着自己的玩具兵人，似乎是在做游戏。但如果你能注意到他旁边的那台超 8 摄影机，就会发现他不是在玩普通的游戏，而是用镜头为自己的玩具拍摄电影。这个男孩就是克里斯托弗·诺兰。

　　超级英雄题材一直是好莱坞最喜爱的"爆米花电影"类型之一。曾有学者批判道，"既然超人有那么大的能力，天天抓强盗、小偷有什么意义？他完全可以改变世界运行的法则，真正造福人类"。然而，好莱坞往往不会在这种商业电影中深入讨论现实的政治和社会话题，这让超级英雄电影一直停留在成人童话的层次上。

　　诺兰对此作出了突破。他执导的《蝙蝠侠：黑暗骑士》，以现实主义警匪片的手法包装了一个幻想中的超级英雄的故事，并对人性进行了深入探讨。

　　20 世纪 90 年代以来，电影界开始聚焦复杂的非线性叙事结构，而诺兰走在了这股潮流的前端。他擅长设计叙事迷宫，运用交叉剪辑和"最后一分钟营救"的手法去揭示影片的谜底，在复杂叙事中埋下许多引人入胜的细节。看诺兰的非线性电影，就像在玩一个逻辑复杂的解密游戏。

　　可以说，诺兰将严肃艺术转化成更加通俗的现代主义电影，让普通观众可以轻松舒适地接受和理解一些非常前卫的艺术理念。当年那个拍玩具兵的小男孩，在不知不觉中重塑了好莱坞爆米花电影和超级英雄电影的创作格局，同时改变了观众的审美品位。

　　小知识：叙事结构指的是故事和情节的讲述方式。一般来说，"线性叙事"被认为是严格按照时间先后顺序来组织安排情节的叙事方式，而"非线性叙事"则是打破单线、有序模式的叙事方式。

诺兰证明了商业电影可以同时是严肃艺
术——他用爆米花预算拍出了哲学论文。
　　——马丁·斯科塞斯赞克里斯托弗·诺兰

24

科比·布莱恩特

美国篮球运动员

在意大利的一所小学里，一个 9 岁的小男孩把写有自己名字的许多纸条发给班里的同学，并告诉他们：自己将来会成为 NBA 的篮球明星。

这个举动招来同学们的嘲笑，因为在意大利，足球才是明星运动。而且，谁会相信一个 9 岁男孩的豪言壮语呢？

出乎所有人意料的是，13 年后，这个男孩果真成了 NBA 中最耀眼的新星。

他就是科比·布莱恩特。

科比的父母因工作原因从美国前往意大利，又辗转回到美国发展事业。这样的童年生活轨迹让科比儿时过得很孤单，很多时候都只能独处。从刚会走路开始，科比就抱着篮球玩耍；3 岁时，他就跟着电视模仿父亲参加比赛时的动作。整个童年，他总是给自己幻想出一大堆"敌人"，这样他就能练习带球过人，起跳扣篮。

13 岁回到美国后，科比的身高已经长到了 1.78 米，父亲把他安排到一所贵族学校读中学。这里的黑人孩子很少，加上科比带着意大利口音的英语很特别，让他再度处于被孤立的境地。

于是，科比便将绝大部分时间都投入到球场上，他在高中的篮球生涯中累计得到了 2883 分，打破了他所在州的中学联赛得分纪录。

高中毕业时，科比成了美国篮球球探们争抢的目标，他没有选择上大学，而是以 17 岁的年龄直接进入 NBA，签约湖人队，并帮助湖人队夺得 NBA 5 个总冠军，助力开创了"湖人王朝"。

很多人喜欢将科比和篮球巨星乔丹进行比较，科比则说："迈克尔·乔丹只有一个，科比也只有一个。我只想做自己。"

> 小知识：NBA 是美国职业篮球联赛的简称，是由北美 30 支职业球队组成的男子职业篮球联盟。

我知道每天凌晨四点洛杉矶的样子。
——科比·布莱恩特

尼克·胡哲

澳大利亚残疾人演说家

1982 年，一个特殊的男婴在澳大利亚墨尔本的医院里出生了，这个孩子天生没有四肢，仅在左侧臀部以下的位置有一个长着两个脚趾的"小脚"。这种罕见的病症在医学上被称为海豹肢症。

这个男孩就是尼克·胡哲。

他的父母没有放弃他。尼克 6 岁那年，父亲耐心教导他如何用身体仅有的"小脚"打字，母亲特制了一个塑料装置，教他如何写字。由于身体的缺陷，尼克一直忍受着同学的冷嘲热讽，多次陷入绝望的他，曾经尝试自杀。

但在父母的不断鼓励下，他学会了穿衣服、走路，开始独立完成日常生活中的一系列事务。他甚至还学会了游泳、冲浪、骑马、打高尔夫球等运动。

尽管天生存在缺陷，尼克却不断挖掘自己的潜能，寻找自我突破的方向。当他发现自己对演讲有着浓厚的兴趣时，便刻苦练习自己的语言表达与演讲能力，立志成为一名演讲家。他希望通过自己的演讲，给拥有相同经历的人带去希望。

19 岁时，尼克主动向学校推销自己的演讲，在被拒绝了无数次后，学校终于给了他一个 5 分钟的演讲机会。他凭借出色的演讲获得了全校师生的认可，从此开启了自己的演讲生涯。

尼克去过五大洲超过 25 个国家，举办了 1500 多场演讲；获得了会计与财务双学位；出版了 3 本书籍、发行了 2 套 DVD；还主演了以自己为原型的电影短片。他用自己的行动向世人宣告：如果不能创造奇迹，就让自己成为奇迹。

> 小知识：海豹肢症是一种罕见的先天性畸形疾病，其主要致病原因是孕妇服用沙利度胺。此外，遗传因素、孕妇孕期接触有害物质或感染病毒等也可能成为该疾病的引发因素。

人生最可悲的并非失去四肢，而是没有生存希望及目标。

——尼克·胡哲

亚历克斯·霍诺尔德

美国攀岩者

你知道位于美国加利福尼亚州约塞米蒂国家公园的"酋长岩"吗？它是地球上最大的花岗岩巨型独石，"酋长岩"的坡度接近垂直，以其近乎90度的光滑立面而著称，这为攀岩者提供了极大的挑战。

这座岩石被誉为全球最难攀爬的岩石之一。而亚历克斯·霍诺尔德则是世界上第一个不用安全绳、徒手爬上"酋长岩"的人。

作为一项极限运动，攀岩的危险系数很高。它和其他运动一样，都需要科学严谨的训练。为了完成徒手攀登"酋长岩"的任务，霍诺尔德和朋友先用安全绳攀爬了一次，来考察岩石表面有哪些可以落脚的地方。后来又清理了碎石，开辟了一条可供安全攀爬的路线。

霍诺尔德只带了一袋防止手指打滑的镁粉，就开始攀登险峰。尽管准备工作非常充分，但霍诺尔德的攀登之路依然充满了未知的危险。

霍诺尔德面临的最大困难是岩壁上几乎没有明显的凹凸点，大部分是只有不到1厘米的凸起，他只能依靠脚尖的力量来支撑身体。霍诺尔德面临的第二个难题是要穿过一条"巨兽裂缝"，他需要把身体的一半塞进裂缝里，借助摩擦力往上爬。即使隔着衣服，肉体和岩壁摩擦带来的疼痛也令人难以忍受。

最终，霍诺尔德凭借惊人的毅力完成了挑战，安全登顶。因此，他也成为世界上最伟大的攀岩者之一。

> **小知识：**攀岩是一项极限运动，最初以攀登自然岩壁为主。1983年，法国人发明人工岩壁后，极大地推动了攀岩运动从萌芽走向蓬勃发展。2020年，攀岩成为奥运会正式比赛项目。

恐惧是一种反应，勇气是一种选择。

——亚历克斯·霍诺尔德

尤塞恩·博尔特

牙买加田径运动员

在牙买加，一个小男孩将爸爸心爱的帽子里填满了棉花，然后把它当球踢，爸爸想教训一下这个"捣蛋鬼"，却发现自己根本追不上这个小家伙。要知道，小男孩刚出生时的啼哭声无比洪亮，爸爸还期望他会成为一名男高音呢。

这个调皮的小男孩长大后就是大名鼎鼎的尤塞恩·博尔特。

博尔特很早就展现出了运动天赋。在牙买加，练习短跑并取得成绩是一种摆脱贫困的方法。可是，教练对博尔特的训练方法只有两种：一种是跑100米，休息一下；另一种是跑100米后不休息，马上再跑100米。

博尔特觉得太无聊了，于是干脆逃掉了训练，与朋友去游戏厅玩。为了攒钱玩游戏，他甚至不惜节食。

这样的日子过了几天，博尔特发现妈妈为了让他在训练中表现得更出色，额外接了很多裁缝活儿，一天要做好几件衣服，赚来的钱几乎都给儿子买了牛肉等营养品。由于干了太多活儿，妈妈的腰经常疼，这让博尔特非常内疚，他决定努力地投入训练。

勤奋加上天赋，让博尔特在15岁就夺得了奖牌。随后，博尔特开始征战各大田径赛场。2004年，博尔特成为职业运动员，在首次200米赛跑中，取得了19秒93的成绩，成为有史以来第一个跑入20秒的青年运动员；接着，他在2008年的百米大赛上跑出了9.72秒的世界纪录。随后，博尔特不断打破自己保持的世界纪录，将人类百米跑的极速定格在9.58秒，这一成绩至今无人能够超越。

> 小知识：斯坦福大学的研究指出，由于人体具有一定的重量，所以每提高一秒钟的速度，都会增加一定的能量消耗。但速度与能量消耗的比值是有限的。基于此，有观点认为人类奔跑的极限速度很可能是百米9.48秒。

没有人生来就是冠军，但只要你付出
足够的努力，你一定可以成为冠军。
——尤塞恩·博尔特

利昂内尔·梅西

阿根廷职业足球运动员

如果你还没有看过利昂内尔·梅西的比赛，那么建议你赶紧上网搜索，点击任意一个搜索出来的视频，你都会看到神奇的"足球魔法"：一个小个子男人，脚上像有吸铁石一样，无论他如何辗转腾挪，足球都牢牢地"吸"在他的脚上。

梅西在 13 岁时就收到了巴塞罗那足球俱乐部的邀请，对方邀请他去那个具有传奇色彩的拉玛西亚青训营进行训练。由于他身材矮小、体型瘦弱，需要使用生长素治疗，以促进身体发育。

然而，梅西并未如预期般长得高大健壮，他的身高最终定格在 1.7 米。不过，这并不影响他在 17 岁时成为巴塞罗那的主力球员。

2009 年，梅西帮助巴萨加冕六冠王，他也首次获得"金球奖"。两年后，梅西又助力巴萨夺得五冠王；2012 年，梅西以 91 个正式比赛中的进球数量刷新了足坛单一自然年的进球纪录。截至 2023 年，梅西已经获得了 8 次"金球奖"。

除了为足球俱乐部效力，梅西还助力自己的祖国阿根廷在 2005 年世青赛、2008 年奥运会和 2022 年世界杯中夺得冠军。

足球是一项集体运动，梅西取得的成就不仅得益于他个人高超的球技，更得益于他与队友之间的默契与信任。只要你看梅西踢球，就一定能感受到他对这项运动无与伦比的热爱。

小知识："金球奖"是世界足坛最负盛名、影响力最大的足球奖项之一。2007 年起，"金球奖"评选范围扩展到全球所有职业足球运动员。在此之前的"金球奖"获得者仅限定在欧洲范围内，因此"金球奖"也曾被称为"欧洲足球先生"。

当你实现目标时，所有的牺牲都值得。永远
不要停止梦想，但要带着努力去梦想。

——利昂内尔·梅西